U0194937

图说中国古代的科学发明发现丛书

本丛书获得中国科学技术协会科普创作与传播试点活动项目经费资助

本丛书列入中国科学技术协会推荐系列科普图书

本丛书中《指南针的历史》被湖北省科学技术厅评为“2014年湖北省优秀科普作品”

印刷术的历史

History of Printing

主　编——东方暨白

副主编——刘志红　韩兆君　齐燕燕
徐文贵　梅　华

河南大学出版社
HENAN UNIVERSITY PRESS
·郑州·

图书在版编目（CIP）数据

印刷术的历史 / 东方暨白主编. — 郑州：河南大学出版社，2014. 6

（图说中国古代的科学发明发现丛书）

ISBN 978-7-5649-1574-2

Ⅰ. ①印… Ⅱ. ①东… Ⅲ. ①印刷史 — 中国 — 古代 — 图解 Ⅳ. ①TS8-092

中国版本图书馆CIP数据核字（2014）第130694号

责任编辑 张雪彩

责任校对 李 蕾

整体设计 张雪娇

出版发行 河南大学出版社

地 址 郑州市郑东新区商务外环中华大厦2401号

邮 编 450046

电 话 0371-86059750 0371-86059701（营销部）

网 址 www.hupress.com

排 版 书尚坊设计工作室

印 刷 郑州新海岸电脑彩色制印有限公司

版 次 2015年6月第1版

印 次 2015年6月第1次印刷

开 本 787mm × 1092mm 1/16

印 张 14.75

字 数 241千字

定 价 69.80元

序

杨叔子院士

科学技术是第一生产力，而人是生产力中具有决定性的因素，人才大计又以教育为本。所以，当今世界国力竞争的焦点是科技，科技竞争的关键是人才，人才竞争的基础是教育。显然，科普教育，特别是对青少年的科普教育，具有特殊的战略作用。

《图说中国古代的科学发明发现丛书》是一套颇具特色的科普读物，它不仅集知识性、文学性、趣味性、创新性于一体，而且没有落入市面上一些类似读物用语的艰涩难懂之中，而是以叙述故事为主线、以生动图解为辅线来普及中国古代的科学知识，既能使广大青少年读者在一种轻松、愉悦的阅读氛围中汲取知识的养分，又能使他们获得精神上的充实和快乐，更能让他们自然而然地受到中华文化的熏陶。

中国文明五千年来所积淀的文化与知识这一巨大的财富已为世人所公认，其中，尤为显著的"中国古代四大发明"更为中华文明史增添了亮色。一般的说法是英国汉学家李约瑟最早提出了中国古代的四大发明，即造纸术、印刷术、火药和指南针。它们的出现促进了中国古代社会的政治、经济、文化的发展，同时，这些发明经由多种途径传播到世界各地，为世界文明的发展也提供了相当多的"正能量"，乃至发挥了关键作用。

民族文化是国人的精神家园。北宋时期的学者张载曾把中华文化精神概括为"为天地立心，为生民立命，为往圣继绝学，为万世开太平"，而这套丛书所要承担的更实际的使命则在于"为往圣继绝学”。四大文明古国中唯一延续至今的只有中国，中国的奇迹在今天的世界舞台上仍然频繁上演，中国元素也逐渐成为了世人瞩目的焦点。然而，如何实现“中国制造向中国创造”的历史转变，如何落实“古为今用，洋为中用”的理念，是我们文化工作者所肩负的重担，更是我们神圣的责任。作为教育工作者，我们更应该认识到中国想要实现真正意义上的复兴，就必然要实现文化上的复兴、教育上的复兴和科学上的复兴……

嫦娥奔月、爆竹冲天、火箭升空、“嫦娥”登月携“玉兔”……中华民族延续着一个又一个令人瞩目的飞天梦、中国梦。中华文化这种“齐聚一堂，群星灿烂”的特质使得我们脚下的路越走越宽，也使得我们前行的步伐越走越稳。“神十”女航天员王亚平于北京时间2013年6月20日上午10点在太空给地面的中学生讲课，更是点亮了无数中小学生的智慧之梦、飞天之梦，同时也开启了无数孩子所憧憬的中国梦。

少年造梦需要的不仅是理想与热情，更需要知识的积累与历史文化的沉淀。青少年科普教育是素质教育的重要载体，同时，普及科学知识可以为青少年树立科学的世界观、积极的人生观和正确的价值观，提升青少年的科学素质，丰富青少年的精神生活，并逐步提高青少年学习与运用科技知识的能力。青少年是祖国未来建设的中坚力量和主力军，他们的成人成才关乎中国梦的实现。毫无疑问，提升青少年的科学素质与精神境界，对于培养他们的综合能力、实现其全面发展，对于提高国家自主创新能力、建设创新型国家、促进经济社会全面协调可持续发展，都具有十分重要的前瞻性意义。何况，普及科学知识、倡导文明健康的生活方式是促进青少年健康成长的根本保证之一。

近一年多来，习近平同志一系列有关民族文化的讲话、一系列有关科技创新的指示更让我们清楚地看到，中华文化是我们民族的精神支柱，是我们赖以生存、发展和创新的源源不断的智慧源泉。所以，我们应通过多种渠道、多种路径、多种方式使传统文化与时俱进地为今所用。《图说中国古代的科学发明发现丛书》把我国古代劳动人民众多的发明和发现全景式、多方位地展现在青少年眼前，从根本上摆脱了传统的“填鸭式”“说教式”的传授知识模式，以让青少年“快乐学习、快乐成长”为出发点，从而达到“授之以渔”的教育目的。衷心希望这类创新性的科普读物能够开发他们的智力，拓展他们的思维，提高他们观察事物、了解社会、分析问题的能力，并能让他们在一种轻松和谐的学习氛围中领悟到中华文化知识的博大精深，为其发展健康个性与成长为祖国栋梁打下坚实的文化基础。

苏轼在著名的《前赤壁赋》最后写到：“相与枕藉乎舟中，不知东方之既白。”我看完本套丛书首本后，知道东方暨白了。谢谢东方暨白及其团队写了这套有特色的科普丛书。当然，“嘤其鸣矣，求其友声”，金无足赤，书无完书，我与作者一样，期待同行与读者对本套丛书中不足、不妥乃至错误之处提出批评与指正。

谨以为序。

中国科学院院士

华中科技大学教授

杨叔子

前 言

华中科技大学中华科技园内的“活字印刷”雕塑

印刷术是人类历史上最伟大的发明之一，它的发明便利了人类的信息交流、思想文化的传播和科学技术的推广应用，它对人类文明的贡献是不可估量的。它和造纸术、指南针、火药一起，是我国古代劳动人民智慧的象征，是举世公认的我国古代的四大发明。

印刷术的发明（这里主要是指书画的印刷）在古代大概可以分为两个阶段：第一个阶段是指从唐初（7世纪）开始出现，到宋代时发展到了极盛的雕版印刷术；第二个阶段是指由北宋平民毕昇发明的胶泥活字版印刷术（1041~1048年，简称“活字印刷术”）。且不说前者，就是后者——活字印刷术，也比现在西方众所周知的那位德国人古登堡的发明（1448~1457年间印《圣经》）要早400年！

恩格斯曾在1839年激情洋溢地写过一首题为《咏印刷术的发明》的诗，其中赞叹古登堡的活字印刷道：

“你们想使思想获得生命，便伏案誊抄，
然而这样做有什么功效？
这样的努力纯属徒劳！
……
一个器皿怎能容纳浩瀚大洋的汹涌波涛？
一卷图书也不可能容纳人类智慧的瑰宝！
这里缺少的是什么？是广为流传的技巧？

既然大自然能按一个模型造就无数生命，
我也可以照此办理，进行发明创造!
……”
古登堡作了这番表白，
印刷术便问世流行，
看，欧洲感到激动、震惊，
它迅速崛起，发出海潮澎湃的强音，
就像一阵狂飙骤然降临，
将地底的火苗从昏睡中唤醒，
于是烈焰升腾，传来阵阵轰鸣。

但古登堡真的是第一个发明活字印刷术的人吗？显然不是，就连德国现代著名的汉学家、基督教同善会传教士尉礼贤在谈到中国的雕版印刷和宋代毕昇发明的活字印刷以后，都不得不承认："由于通商的结果，这些发明也像纸与罗盘针的发明一样传到了西方，为古登堡及其他欧洲的印工所采用，而在人类历史上创立了新纪元。"既然如此，那么我们今天又何尝不能把上面这首赞美诗想象是献给比古登堡更早的发明家毕昇和蔡伦呢！只是欧洲人采用了活字印刷术以后，即带来了一个翻天覆地的文艺复兴，使得科学文化发展获得了前所未有的突飞猛进，而中国由于众所周知的原因而一再落伍，落到屡屡挨打抬不起头的地步。

本着缅怀中华先民们的伟大科学发明创造、宣传爱我中华的爱国主义教育以及对人类作出新的更大贡献的崇高目的，我们不揣简陋，利用课余时间编写了这本图文并茂的《印刷术的历史》，以期顺应当今读图时代广大青少年读者的阅读习惯和节省他们的宝贵时间，使他们通过漫不经心地浏览而潜移默化地吸取其中的正能量。我们坚信：只要今天的人们能够沿着中华先民们开辟的道路勇敢地继续向前，就一定能够早日攀登上风光绮丽的世界科学技术的顶峰！

目　录

文房三宝奠基础
印章拓印是源头

任何一项技术都不会是突然被发明的，它们必然要经过多少代人长时间的经验积累，慢慢发展成熟起来。早在新石器时代，先民们为了美化生活，就将一些图案刻在洞壁、陶器上，这可以说是手工雕刻技术的萌芽。从东周至秦，在石碑上刻字越来越盛行，手工雕刻技术获得了飞跃性的进步，并且开始出现盖印封泥、秦砖汉瓦，这就使得手工雕刻和复制转印技术的应用更加广泛，从而导致雕版印刷术的发明初露曙光。但仅仅因为技术已有充分的积累还不够，还需要物质材料也配套出现，否则就是“巧妇难为无米之炊”。笔、墨、纸、砚在中华文明史上被称为“文房四宝”，其中除了砚以外，印刷术的发明还真离不开笔、墨、纸这三大件。毛笔是雕版印刷的重要工具，纸和墨是印刷的主要材料，正是这些技术和材料的发明和完善，最终使得雕版印刷术瓜熟蒂落。

盖印封泥大有文章

对雕版印刷来说，文字雕刻技术固然是雕版印刷术中刻版工艺的核心，然而手工雕刻技术成熟之后，将印版上的图文转印到承印物上从而取得大量复制品的转印复制术，也是雕版印刷术的关键。虽然转印复制术在新石器时代已露端倪，但就印刷术本身而言，印章、盖印封泥和砖瓦印模则更具实际操作意义。

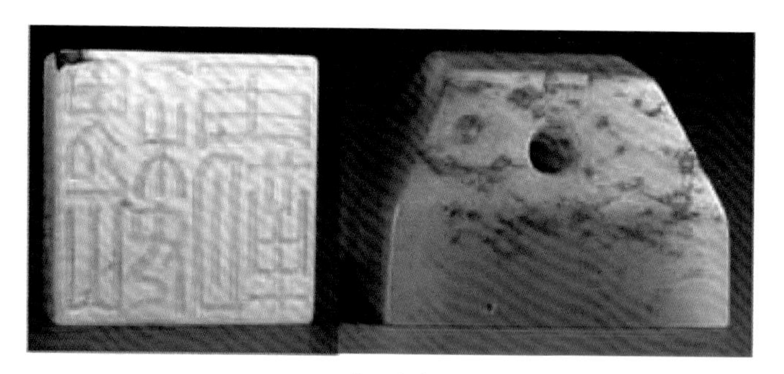

秦汉印章

印章小史

印章是一种用作印于文件上表示鉴定或签署的文具。现代的印章用途多种多样，生产生活的各个方面都要用到它。我们且不说各类商业、行政活动中各种复杂的加盖印章的程序，单看商店里种类繁多的儿童玩具——木质橡胶章，教学运用的学生章，还有饭店等地方运用的数字章和教育儿童用的字母章等，就知印章对现代人的生活是多么的重要。但是，这个现代生活所不可或缺的文具，却并不是现代工业文明的产物，而是有着数千年的成长历史。根据现有的遗物和历史记载，印章的历史可以追溯到古老的商朝。河南安阳殷墟曾出土过数枚青铜印章。战国时期，印章已被普遍使用。《史记·苏秦列传》中记载，主张合纵的名相苏秦，当时就身佩六国相印。

先秦青铜印章

印章经历了几千年的历史，积累了众多名称，主要有玺、宝、图章、图书、图记、钤记、钤印、记、戳记等。先秦时期，印章通称为玺；秦统一六国后，规定只有天子之印可称为玺，其余的都称印；汉代，诸侯王之印称玺，将军的称章，其余则称为印；清代，皇帝之印称为玺，亲王以上的叫宝，郡王以下的官员叫印，私人的叫图章。清朝覆灭后，等级制度不复存在，印章的称谓已无关紧要，也无从限制，但仍以“印章”这个称呼为主。

印章起初只是作为商业上货物流通时的凭证。秦始皇统一中国后，印章的作用范围扩大，成为证明权力、地位的法物，为当权者掌握，变成了一种统治工具。但是在民间，印章还是多用于盖印封泥，封存简牍、公文和函件。

那么，盖印封泥又是什么呢?

盖印封泥

封泥又叫作“泥封”，是一种印章的印迹，作用

金代铜印

汉代封泥

是防止其他人私拆信件。在还是以简牍为主要书写材料的时代，人们在传递重要公文或私人信件时，往往在简牍的外面用空白简片做护封，写上姓名、官职、收件地点、文件名等信息。然后再用绳扎好，在结扎处放上封泥（封泥是将柔软光滑的粘性泥土进行筛选、过滤、冲洗而制成的黏稠泥浆），使之贴在捆好书绳的简策锁口处。在泥浆还没干的时候，用刻好的印章在封泥上盖印，这样印记就留在封泥上了，封泥干了以后其他人就不能私自拆开，对简牍、公文和函件起到了很好的封存、保密作用。后来，竹简渐渐被纸帛代替，封泥也完成了其使命，从历史的舞台上功成身退了。

封泥主要流行于秦汉时期。相传，在秦始皇的咸阳宫里，有一处名叫“章台”的中台。秦始皇不仅白天在此批改奏章、裁决重大案件，晚上还在此读书学习。从中央到地方的各类奏章都汇集到了这里。一本奏章就是一捆竹简，为了保密，上奏官员要将竹简捆好并糊上泥团，再在泥上钤上自己的玺印，然后放在火上烧烤，使其干硬。奏章被送到章台时，值守吏要呈送给秦始皇亲自验查，若封泥完好无损，则说明奏章未被他人私拆偷阅，然后秦始皇才敲掉泥封壳御览。

根据迄今发现的文献资料可以推断，封泥最早出自周朝，《周礼》《左传》中有关于“玺之”“玺书”等的记载。而最晚的封泥则出自晋朝，因为晋朝时期纸已普遍流行。

秦砖汉瓦

所谓“秦砖汉瓦”并非是指秦朝的砖和汉代的瓦，而是后世为了说明这一时期建筑的辉煌和鼎盛，对这一时期砖瓦的统称。现在这个词用来形容具有中华传统文化风格的古建筑。

秦代的砖因其独特的风格和精美绝伦的纹饰，赢得了“铅砖”的美誉。瓦当是我国古代建筑中筒瓦顶端的下垂部分，在这小小的空间里，古代匠师们开辟了别具一格的艺术天地，其中以汉代动物纹饰类瓦当

秦砖

最为优秀。“秦砖汉瓦”，也称模印砖瓦，这些砖瓦上的纹饰（文字和图案）都是在烧制之前模仿盖印方式模印上去的。从现存实物来看，砖瓦上的图案、文字多为与建筑相关的人名、建成日期和吉祥用语。

从技术发展角度来讲，盖印封泥和秦砖汉瓦对印刷术的发明具有重要的推动作用，它们的制造、使用过程都与雕版印刷术有相似之处。盖印封泥用的印章、模印砖瓦用的印模类似于雕版印刷术中的印版；盖印和模印都采用了转印复制术中的压印技术，是取得印迹和大量复制品即封泥和砖瓦的方法和手段。它们的区别在于，印章和印模的印面比较小，能刻上的字数量有限，因此要将盖印的东西放在印下，用手的压力将印上的内容压制在下面的物品之上；而雕版印刷术中的印版版面大，能刻的字数目多，所以将纸放在刷了墨的印版上，再利用刷子的压力在纸上印出字迹。

汉代瓦当

秦始皇雕像

秦诏版的时空之旅

公元前221年，秦始皇统一中国，结束了春秋战国以来诸侯割据混战的局面，建立了中国历史上第一个统一的多民族中央集权制大帝国——秦朝，也奠定了中国长期统一的基础。虽然它是个在历史上仅存在了15年的短命王朝，但这个王朝却对此后中国数千年的帝制社会产生了极其深刻的影响。这里就不一一列举其丰功伟绩了，只介绍一块神奇的青铜板，这块青铜板还有个响亮的名字——秦诏版。

秦诏版重见天日

“秦诏版”铸造于秦始皇执政时期，故名曰“秦诏版”。它长10.8厘米，宽6.8厘米，厚0.4厘米，重0.15千克，呈长方形，整体呈铜质青色。四角钻有四个小孔，以便钉上钉子加以固定。正面是以秦小篆刻成的，字体长宽约0.9厘米，竖5行、横8行，上下、左右结构整齐，阴文书刻40字。刻的内容是：“廿六年皇帝尽并兼天下诸侯，黔首大安，立号为皇帝，乃诏丞相状、绾法度量，则不壹歉疑者，皆明壹之。”意思是，秦始皇于二十六年（公元前221年）统一了天下，百姓安宁，立下皇帝称号，于是下诏书于丞相隗状、王绾，依法纠正度量衡器具的不一致，使有疑惑的人

秦诏版拓片

都明确，将度量衡统一起来。

秦诏版简单地讲，就是政府为了落实统一度量衡的政策而颁发的文告。这篇诏书或在权、量（权即秤锤，量即升、斗）上直接凿刻，或直接浇铸于权、量之上。

现藏于河南省博物馆的秦始皇廿六年诏书权便是其中的典型代表，其整体由生铁铸造而成，高15.8厘米，直径25.0厘米，重约30千克，呈半球状，平底，实心，顶部还有一个圆拱形的桥钮，钮长15.5厘米，就像个现代市场的大秤砣。另外，由于存世太久，不难看出它的周身和底部有大面积锈蚀的斑驳痕迹。这个诏书权在地下世界经历了两千多年的黑暗与孤寂，现在终于重获新生，再次回到人们的视野里，它的发现者是孙英坡。孙英坡是河南省平顶山市宝丰县古城村的村民，1986年，他在古城的北战国遗址挖出这么一个生锈的铁铊，铁铊上面还有文字，他觉得很蹊跷，就上交了县文化馆。后经专业人士鉴定，果然是文物。之后，该诏书权又辗转至宝丰县文物保管所，1997年才调入河南省博物馆，正式成为该馆的成员之一。

河南省博物馆收藏的秦始皇廿十六年诏书权

然而，政府文告更多时候则是被制成一片薄薄的“诏版”颁发各地使用。相传“秦诏版”最初的作者是李斯，但是全国那数不清的秤锤、量斗上面所刻的铭文当然不可能出自一人之手。其中不乏严肃、工整的，但大多数纵有行、横无格，字体大小不一，错落有致，生动自然。更有出于工匠之手的率意之作，或缺笔少画，或任意简化，虽不合法度，却也别具一种纯朴、自然之美。

它的重要价值

另外，“秦诏版”的发现之旅也极富传奇色彩。1976年在镇原县农副公司收购门市部，它由县文化馆干部张明华发现并交馆收藏，当时以废铜价收购，价值只有0.80元。1995年10月，甘肃省文物鉴定委员会董彦文、吴怡如、赵子祥等一行8人经过鉴定，认为这块“廉价”的青铜板属于国家一级文物。1996年9月，国家文物专家鉴定后，正式将它命名为“秦诏版”。这为进一步研究秦时属于北地郡的镇原县的政治、经济、文化、艺术提供了宝贵的实物依据。

不管是生铁半球状的诏书权，还是青铜平板式的秦诏版，它们的文化价值和在印刷史上的重要意义都是不言而喻的。秦诏版历经两千年的时空之旅再现于世，如今被21世纪的炎黄子孙研究着、参观着，让人忍不住感慨：两千年，既像沧海桑田般悠远，又如白驹过隙般迅捷！

镇原县博物馆收藏的秦代“铜诏版”

拓印技术始于东汉

> 为了免去从石刻上抄写的劳动，4世纪左右，人们发明了以湿纸紧覆在石碑上，用墨打拓其文字或图形的方法，叫作“碑拓”。碑石拓印技术对雕版印刷技术的发明很有启发作用。

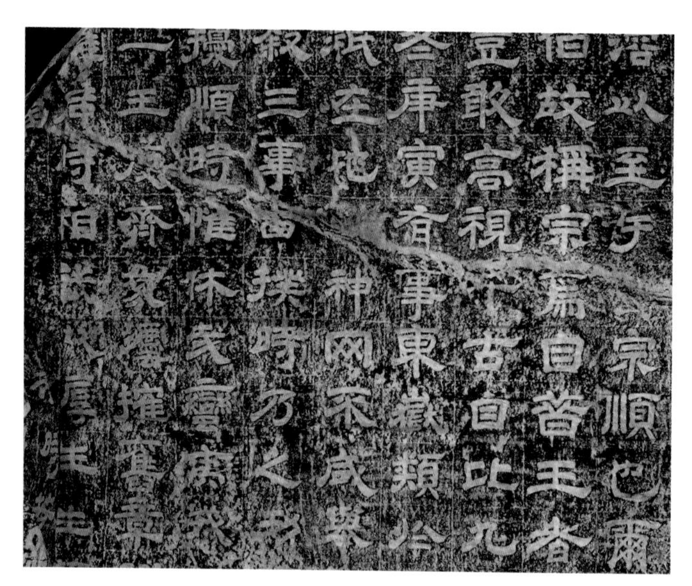

纪泰山铭摩崖拓片

石刻历史悠久

石刻历史源远流长，早在公元前7世纪，我国就有了石刻文字。初唐时期，人们在今陕西凤翔发现了10个石鼓，是公元前8世纪春秋时秦国的石刻。秦始皇出巡，曾在重要的地方刻石7次，史称“秦七刻石”。秦七刻石的原石大多毁损无存，经考证，属于秦代原刻者，仅存“泰山刻石”和“琅琊刻石”的部分残石。其中“泰山刻石”仅存二世诏书10个字，又称“泰山十字”，现存于泰山脚下的岱庙内。“琅琊刻石”大部分也已剥落，仅存12行半，84个字，现存于中国历史博物馆。汉朝以后，刻石大多是长方形的厚石板，用来纪念死去的人的事迹或重要事件。

琅琊刻石拓片

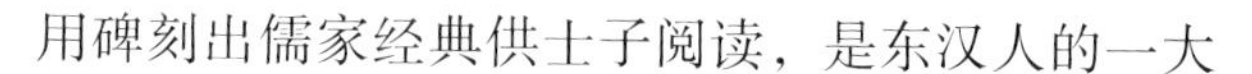

用碑刻出儒家经典供士子阅读，是东汉人的一大

创举。汉灵帝熹平四年（175年），蔡邕建议朝廷在太学门前树立刻有儒家经典的石碑。《诗经》《尚书》《周易》《礼记》《春秋》《公羊传》《论语》这7部儒家经典共20.9万字，分刻于46块石碑上，每碑高175厘米，宽90厘米，厚20厘米，容字5000，正反面皆刻字。石碑历时8年全部刻成，成为当时读书人的经典，一时争相抄写。魏晋六朝时，有人趁看管不严，用纸将经文拓印下来，自用或出售，这也许就是盗版业的开山始祖了。

拓印术的起源

拓印术发明于什么时候，迄今说法不一，难以定论。通常的说法是，拓印术出现于东汉熹平年间。《后汉书·蔡邕传》中说到，著名才女蔡文姬的父亲蔡邕觉得流传到东汉的圣贤书难免有文字抄写的错误，这样的书真是误人子弟，于是就和其他一些文臣商量，一起奏请皇帝重新校订六经的文字，这样后生晚辈们就能得到正确的拓印本了。另外，范文澜在《中国通史简编》中谈到东汉时期的刻石技术时，写到："刻石技术却愈益普遍而精工，好字因好刻得保存于久远，并由此发现摹拓术。……蔡邕学李斯，工篆书，似东汉时已有李斯的拓本。"意思是东汉时已有拓印术。如果真是这样，那么拓印的方法可追溯到2世纪的东汉时期。但无论此说正确与否，拓印方法起源很早，

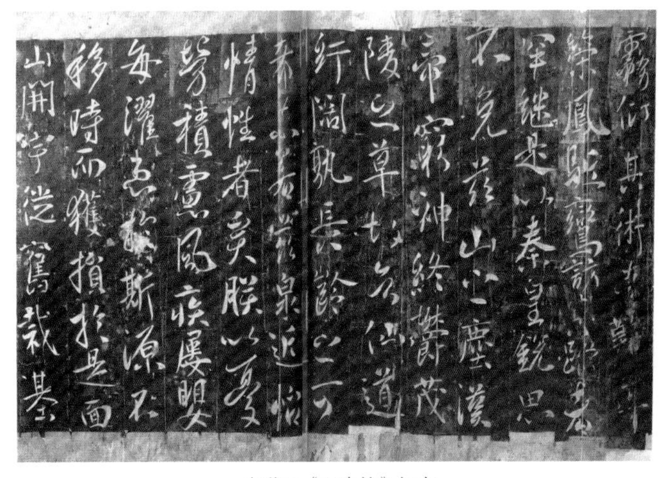

李世民《温泉铭》拓本

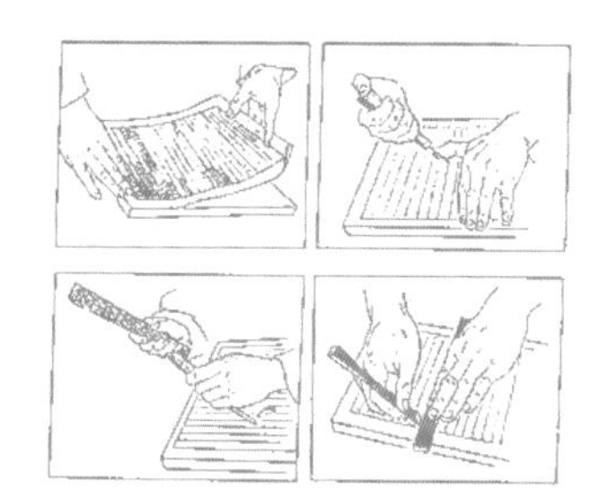
雕版工序示意图

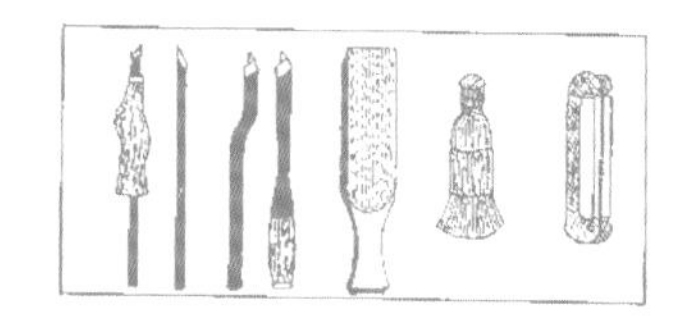
雕版印刷工具

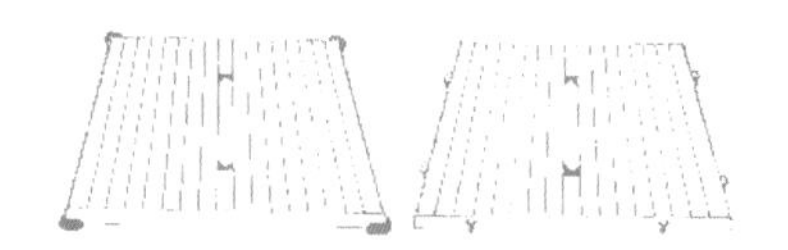
雕刻木版的固定

套版印刷示意图

而且比雕版印刷更早，这一点是确定无疑的。现存最早的拓印品是在敦煌石室中发现的7世纪的遗物《温泉铭》，但这绝不是最早的拓印品。又据《隋书·经籍志》记载，隋朝皇家图书馆藏有拓石文字，以卷为单位，有秦始皇东巡会稽时的石刻文1卷、熹平石经残文34卷、曹魏三体石经17卷。

所谓的"拓印"到底是如何操作的呢？我们将其与现代印章技术相对照：印章的方法是盖印，印章先蘸色再印到纸上面，如使用的是阳文印章，则印在纸上是白底黑字，明显易读；而拓石的方法是刷印，即把柔软的薄纸浸湿铺在石碑上，轻敲使纸嵌入石碑刻字的凹陷部分，待纸完全干燥后，用刷子蘸墨均匀地刷在纸上，由于凹下的文字部分刷不到墨，仍为纸的白色，因此将纸揭下来后，就得到了黑底白字的拓本。黑底白字不如白底黑字醒目。

那么拓印术与雕版印刷又有何关系呢？其实只要将碑上的阴文正写的字，仿照印章的办法换成阳文反写的字，在碑上刷墨再转印到纸上，或者扩大印章的面积，使之成为一块小木板，在板上刷墨铺纸，就能得到清楚的白底黑字了——这就是雕版印刷。雕版上的字是阳文反字，而一般碑石上的字是阴文正字。此外，拓印的墨施在纸上，雕版印刷的墨施在版上。由此可见，雕版印刷既继承了印章、拓印等技术，又有对传统技术的创新。

传统手工印染

印染技术亦有玄机

漏印织花整衣冠

爱美之心，人皆有之。虽然古代的生产条件有限，但是古人也想了好多方法来获得有装饰图案的衣料以做成美丽的衣服。印染是在木板上刻出花纹图案，用染料印在布上。中国的印花版有凸纹版和镂空版两种。1972年湖南长沙马王堆一号汉墓（公元前166年左右）出土的两件印花纱就是用凸纹版印的。这种技术可能早于秦汉，而上溯至战国。纸发明后，这种技术就可用于印刷方面，只要把布改成纸，把染料改成墨，印出来的东西就成为雕版印刷品了。在敦煌石室中就有唐代凸纹版和镂空版印的佛像。

织物印染是人类生活所必需的一项重要内容，所以它的起源非常古老。正是这起源早、应用广并且为人类美化生活所必需的织物印染，孕育衍生出了织物印刷，成为印刷术的最先应用领域，为完善印刷术作出了重要贡献。

织物印染中的织物印刷，见于史载并有出土的文物相佐证者，出现在春秋战国时期。1983年，在广州南越王墓出土的文物中，有两件铜质印花凸版，同时还有一些印花丝织品。其中一件印花凸版呈扁薄板状，正面花纹近似于松树形，有旋曲的火焰状花纹凸起，印版厚度仅0.15毫米左右，上面可见到因使用而磨损的痕迹。同墓还出土了一件仅有白色火焰纹的丝织品，其花纹形状恰与松树凸纹版相吻合。吴淑生、田自秉所著的《中国染织史》在谈到织物印花时说，凸版印花技术在春秋战国时代得到发展，到西汉时已有了相当高的水平。

春秋战国之交，在采用雕刻凸版印花的同时，还有一种被今人称作“型版”之一的雕刻漏版也在使用。型版漏印，指的是在不同质的版材上按设计图案挖空，雕刻成透空的漏版，将漏版置于承印物——织物或墙壁之上，用刮板或刷子施墨（染料）进行印刷的工艺方法。它属于孔版印刷范畴，是当今丝网印刷的前身和最早采用的印刷术。

长沙马王堆汉墓出土的文物中，还有公元前2世纪西汉时期漏印在织物上的彩色图案，这是中国在西汉以前就有孔版印刷术的又一实物证据。这种孔版印刷术的印版是手工雕刻的，首先用于被称作“夹缬”的织物印刷。所谓的“夹缬”术，最早出现在西汉，到隋唐时期应用日广。其工艺方法是：按照设计的图案，在木板或浸过油的硬纸上进行雕刻镂空制成漏版，然后进行印刷；印刷时，在镂空的地方涂刷染料或色浆，除去镂空版，花纹便显现出来了。

印章、拓印、印染技术三者相互启发、相互融合，再加上中国人民的经验和智慧，雕版印刷技术就应运而生了。

马王堆出土的（西汉）印花纱分版示意图

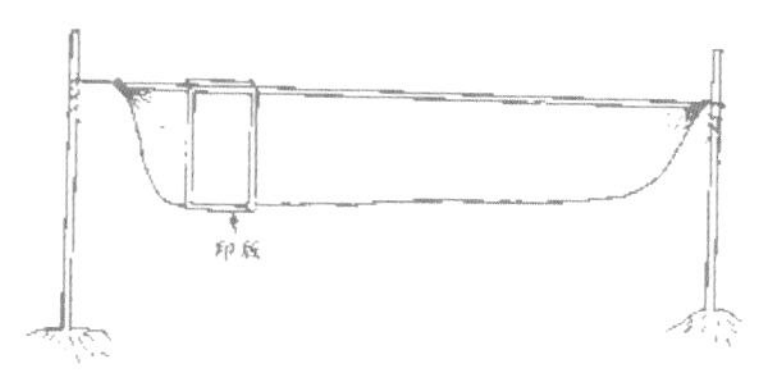

夹缬图

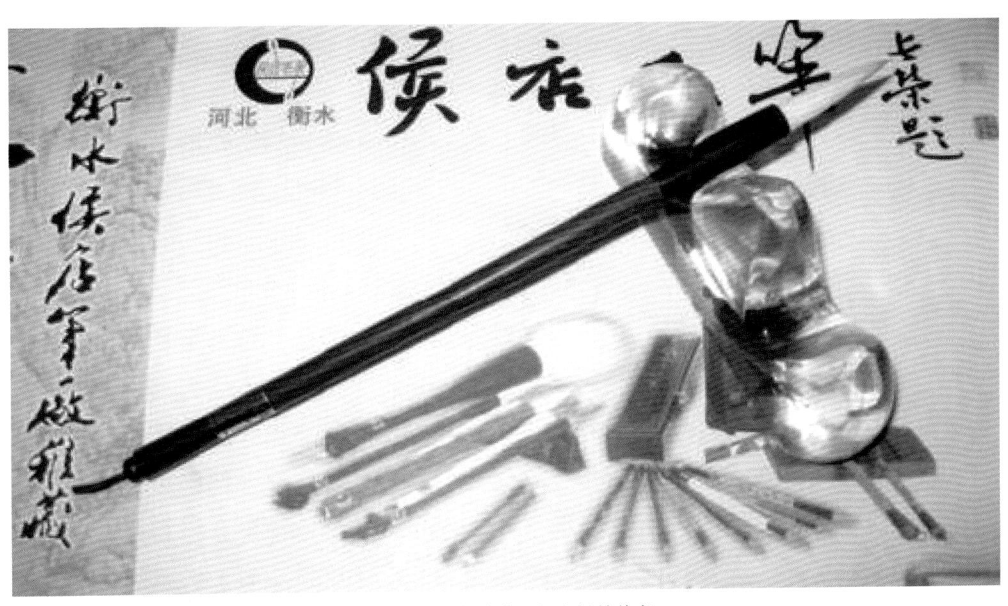

衡水侯店毛笔大白云红木杆羊兼毫

蒙恬造笔疑云重重

“蒙恬造笔”的传说

蒙恬是秦始皇时期著名的将领，被誉为“中华第一勇士”。相传蒙恬驻守边疆，经常要向秦始皇报告军情，但是当时人们写字还是用刀刻，非常浪费时间，而军情大事容不得一刻延误。有一次，蒙恬将军要向皇帝奏报一件紧急的事情，用刀契刻字速度太慢，蒙恬急中生智，随手从旁边战士拿着的武器上撕下一撮红缨，蘸着颜色写起字来，这样写字速度就大大加快了。后来，他由此事受到启发，不断将这种“笔”加以改良，以北方狼、羊较多之便，利用狼毛和羊毛做笔头，制成了早期的狼毫和羊毫笔。后唐马缟在《中华古今注》上记载：“蒙恬始作秦笔，以枯

印刷必有印版，最早发明的雕版印刷术的印版是手工雕刻的，而在雕刻之前必须先书写字样，书写字样使用的工具就是毛笔。因此，笔对印刷术的发明也是至关重要的。关于毛笔的由来，有一个“蒙恬造笔”的传说。

木为管，鹿毛为柱，羊毛为被，谓之‘苍毫’。”历史上对于秦朝大将蒙恬造笔的说法也有一些记载，当年蒙恬率军伐楚，南下至中山地区，因见那里兔毛甚佳，就用来制笔，毛笔就此诞生。

毛笔组合

古墓里发掘出来的笔

传说毕竟只是传说，要想知道毛笔是什么时候发明的，还是要以现在出土的文物为依据。根据现代考古发现，很多人对蒙恬造笔之说提出了质疑，认为毛笔远在蒙恬之前就有了。事实上毛笔的起源可追溯到新石器时代。1980年，陕西临潼姜寨村发掘出一座距今5000多年的墓葬，出土文物中有凹形石砚、研杵、染色物和陶制水杯等。从彩陶的纹饰花纹中可辨认出毛笔描绘的痕迹，证实了在五六千年前就有了毛笔或类似毛笔的笔。商代甲骨文中已出现了笔的象形文字，形似手握笔的样子。湖南长沙左家公山和河南信阳长台关两处战国楚墓分别出土了一支竹管毛笔，这是目前发现的最早的毛笔实物。湖南长沙出土的那支笔，竹杆粗0.4厘米，杆长18.5厘米，笔头为兔箭毛制成，长2.5厘米，笔头夹在劈开的竹杆头上，用丝线缠捆，外涂一层生漆。这可以说是我国存世最古的毛笔，它诞生的年代要比传说中蒙恬发明毛笔的时间早得多。从其制作工艺和文物出土分布地区来看，毛笔在战国时已被广泛使用，只是没有统一的名称。东汉许慎在《说文解字》中有“楚谓之聿，吴谓之不律，燕谓之拂”“秦谓之笔，从聿从竹”的记载。这就是说春秋战国时，各国对

蒙恬造笔

毛笔的称呼是不同的。楚国（今湖北）叫“聿”，吴国（今江苏）叫“不律”，秦始皇统一中国后，一律称为“毛笔”。先秦书籍中没有“笔”字，而“聿”字早在商代就出现了，秦始皇只是统一了笔的叫法，可见笔是早于秦代就存在了。所以清代大学者赵翼在《陔余丛考》中的“造笔不始蒙恬”条中写到：“笔不始于蒙恬明矣。或恬所造，精于前人，遂独擅其名耳。”当然也有人认为，虽然蒙恬没有发明毛笔，但是他对笔杆的制法和笔毛所用的材料进行了改良，还是有很大贡献的。

“蒙恬精笔”的来历

中国侯店毛笔，古称蒙笔、象笔，又称蒙恬精笔、侯笔。笔长杆硬，刚柔相济，含墨饱满而不滴，行笔流畅而不滞。主要产于“衡水毛笔之乡”——桃城区侯店村，品种多达270多个。

侯店毛笔店铺

据史料记载，公元前221年至公元前207年，蒙恬带领30万大军固守秦朝北部边疆，路经侯店，时值三月三日，试以兔毫竹管为笔写成家书一封，随后将毛笔赠送给了侯店人。后来，侯店人便仿制出“蒙恬精笔”。到了唐代，侯店村毛笔艺人李文魁在北京开设笔店，一名爱好书法的太监同他结为兄弟，经常把他制作的毛笔买进皇宫，进而受到皇帝的赏识，于是侯店毛笔誉满天下，并被奉为御用之品。所以，每逢三月三日，侯店一带制笔艺人都放鞭炮、摆宴席，纪念毛笔创始人蒙恬。而当地制笔之业盛起于明永乐年间，距今已有500多年的历史，所制之笔，驰名遐迩。

毛笔的发明和使用，对汉字的发展演变有着推动作用，也为印刷术提供了书写字样的工具。

韦诞造墨或有其事

墨是印刷的一个必要前提。特文尼在他所著的《印刷的发明》一书中曾经指出，某种油墨的发现对于古登堡的发明开先路一事起着很大的作用。在中国，墨的利用也以同样方式为雕版印刷的发明做了准备。

韦诞

印刷的发明离不开墨的利用

无论是写字还是作画，墨都是必不可少的。别看它平时黑乎乎的，不怎么起眼，但是它有几个好听的别名，如“榆麋”“松滋侯”“黑松使者”“玄香太守”等。墨也是印刷时要用到的主要原材料之一，刻版上的图形、文字要通过墨才能转印到承印物上，所以说墨对于印刷术的发明是很重要的。

墨的悠久历史

韦诞的书法作品

我国墨的历史也很久远，据有关文献记载，古人最早用的墨是从天然的植物或者矿物中提取的，像殷商甲骨上的朱书和墨书，用的就是天然墨。不过，印刷中所采用的墨，不是这种天然墨，而是用一定的方法由人工制造出来的。关于墨的起源有多种说法，比如田真造墨和周宣王时的邢夷造墨。《述古书法纂》中记载：“邢夷始制墨，字从黑土，煤烟所成，土之类也。”目前我国发现的最早的人造墨，是1975年在

东汉墨块

湖北云梦县睡虎地秦墓中出土的秦墨。此墨块高1.2厘米，直径2.1厘米，呈圆柱形，墨色纯黑。它不是用模型制成的锭，而是捏成的小圆块，用时必须先用研石压研而不能直接拿着在砚上研磨。同墓还出土了一块石砚和一块用来研墨的石头，石砚和石头上都有研磨的痕迹，并且还有残墨。这说明早在秦朝以前，中国已经有了人造墨和用于研墨的石砚。

韦诞造墨的配方和工艺

韦诞（179~253年）是何许人也？他是三国时魏国的书法家、制墨家，字仲将，是后汉太仆韦端的儿子，官做到了光禄大夫。韦诞虽然是个官二代，但不是纨绔子弟。他先是师学张芝，兼学邯郸淳的书法。他会各种书法，尤其精通题署匾额，其字如龙盘虎据、剑拔弩张。不仅如此，他的动手能力也很强，会制笔，并精于制墨，享有“仲将之墨，一点如漆”的美誉。韦诞之后，很长时间，在中国无论是书写还是印刷，都用韦诞所创的方法制墨，所以很多后人都误认为韦诞是制墨的发明人。

关于韦诞的制墨配方和工艺方法，贾思勰的《齐民要术》卷九中有如下一段介绍：东汉时期的制墨工

《齐民要术》

艺，包括去杂、配料、舂捣、合墨等工序。去杂，是筛去制墨原料“烟灰”中的杂物，使其成匀细粉末状；配料，是把筛过的烟炱与胶、朱砂、麝香、涔皮等胶和辅料，按配方要求匹配混合；舂捣，是把配好的料置于铁臼中进行舂捣，舂捣次数不能少于3万下，越多越好；合墨，即将舂捣过的墨泥按要求制成成品墨。制墨时间要求在每年的二月和九月，此时天气不冷不热，是合墨的最佳时机，因为天热了墨容易变质发臭，天冷了墨块不易干燥。

赵岐在《三辅决录》中称，蔡邕作书用张芝笔、左伯纸、韦诞墨。自汉魏韦诞开始，1700多年，制墨名家辈出，品式繁多，技艺精湛，然因多年散失，能保留至今者已是凤毛麟角了。

墨出青松烟

根据历史记载，我国秦、汉、魏、晋、南北朝时期的墨，有石墨、油烟墨、松烟墨之分。其中，石墨是石油燃烧所制之墨；油烟墨即燃油所获烟炱所制之墨；松烟墨则是燃烧松木所制之墨。三国时才高八斗的曹植在他的《乐府诗》里吟道：“墨出青松烟，笔出狡兔翰。”

当时的制墨方法，简单来说是将易燃的烛心放在装满了油的锅里燃烧，锅上盖好铁盖或呈漏斗形的铁罩，等到铁盖或漏斗上布满烟炱，即可刮下来，集中到臼里，加入树胶，混合搅拌，使其成稠糊状。然后将成稠糊状的墨团，用手捏制成一定的形状，或放到模具里，模压制成具有一定形状的墨锭，这是油烟墨的制法。松烟墨则是通过燃烧松木来获取松烟粉末，然后与丁香、麝香、干漆和胶混合加工制成。郑众曾说“丸子之墨出于松烟”，还有前面提到的曹植的诗“墨出青松烟”，都说明了松烟墨的应用是很广泛的。

宋代以前的墨都是烟墨，主要用松木的烟制成，故唐宋时戏称墨为“松滋侯”或“黑松使者”。宋代苏易简《墨谱》引唐代文嵩撰《松滋侯易元光传》，以墨拟人：“易水产名墨，故墨姓易。墨黑而有光者贵，故名元光。”另据《云仙杂记》等书载，墨还有“瘦龙”“乌金”“龙宾”“洙泗珍”“玄香太守”等雅称。

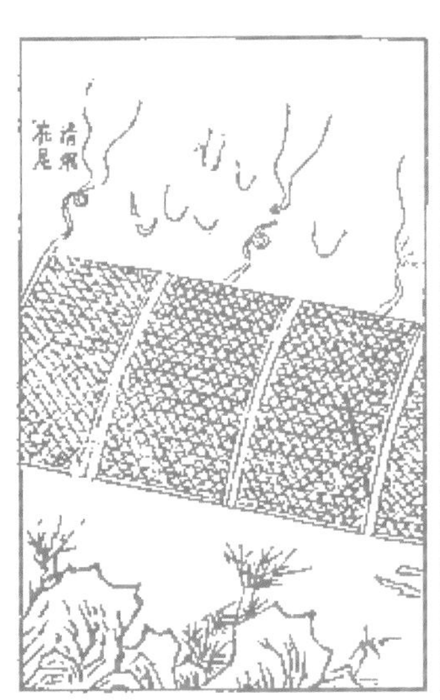

松烟制墨法

瘦龙：本指墨上刻的龙纹，如宋代黄庭坚所作《谢景文惠浩然所作廷珪墨》云：“柳枝瘦龙印香字，十袭一日三摩挲。”后来，瘦龙便成为了墨的代称。金代元好问有诗《陈德元竹石》曰：“瘦龙不见金书字，试就宣和石普看。”

乌金：墨中加入金粉、珍珠、麝香、冰片等即为药墨。药墨可治病，写的字又能防蛀、防腐。或许是药墨写字生金，或许是药墨贵重如金，明代李时珍在《本草纲目》中便以“乌金”别称墨。

龙宾：唐代冯贽在《云仙杂记》中引《陶家瓶余事》说，有一天，唐玄宗见御案墨上有一小道士，如蝇而行，叱之，小道士即呼“万岁”，自称是墨精龙宾。小道士说：“凡世人有文者，其墨上皆有龙宾十二。”后来，墨便被雅称为“龙宾”。

洙泗珍：古时，洙水和泗水自山东泗水县北合流而下，至曲阜北又分为二水，洙水在北，泗水在南。孔子居于洙、泗两水之间，故后人以“洙泗”作为儒家的代称。墨是古代读书人的珍爱之物，于是墨便被雅称为“洙泗珍”。

玄香太守：薛稷与欧阳询、虞世南、褚遂良并称“唐初四大书法家”。薛稷不惜重金，收藏了不少文房珍品，并对“文房四宝”各有封号。唐代冯贽在《云仙杂记》中引《纂异记》说：“稷又为墨封九锡，拜松烟督护、玄香太守，兼亳州诸郡平章事。”此后，九锡、松烟督护、玄香太守、亳州诸郡平章事，俱成了墨的雅称。

造纸术发明家蔡伦像

蔡伦发明了造纸术

不论古今中外，印刷品大都是纸制品。在日常生活中，人们所接触到的报刊、地图、广告、信封、信笺、商标、名片、请柬、钞票、贺卡、挂历、包装盒等，都是纸制的印刷品。可以说，没有纸就没有印刷术的发明和各种各样的印刷品问世。

没有纸，就没有印刷术的发明

纸是用以书写、印刷、绘画或包装等的片状纤维制品，一般由经过制浆处理的植物纤维的水悬浮液，在网上交错地组合，初步脱水，再经压缩、烘干而成。纸又是我们日常生活中最常用的物品，无论读书、看报，或是写字、作画，都得和纸接触。纸在交流思想、传播文化、发展科学技术和生产方面，是一种强有力的工具和材料。今天，如果没有纸，那我们的生活和工作简直不可想象。

回顾历史，中国是世界上最早和唯一发明纸的国家。造纸术和指南针、火药、印刷术并称为我国古代科学技术的“四大发明”，而造纸术更是印刷术发明的必要条件之一，它是我国古代人民对世界科学文化

中国古代四大发明

发展所作出的卓越贡献。

絮纸和麻纸

最初的纸，是作为新型的书写记事材料而出现的。在纸没有被发明以前，我国记录事物多靠龟甲、兽骨、金石、竹简、木牍、缣帛之类。但是甲骨不易多得，金石笨重，缣帛昂贵，简牍所占空间较大，都不便于使用。

西汉时，在人们还用竹帛写字时，就有了一种丝质的“絮纸”。纸字的左半边是“糸”，就是因为原始的纸是用蚕丝纤维制成的。中国是世界上最早养蚕织丝的国家，汉族劳动妇女用蚕茧抽丝织绸，剩下的恶茧、病茧等则用漂絮法制取丝绵。漂絮完毕，篾席上会遗留一些残絮。当漂絮的次数多了，篾席上的残絮便积成一层纤维薄片，经晾干之后剥离下来，可用于书写。这种漂絮的副产物数量不多，古书上称它为西汉麻纸地图于1986年在甘肃省天水放马滩五号汉墓出土，最大残长8厘米。地图纸面平整、光滑，结构较紧密，表面有细纤维渣，可见造纸技术较粗糙。其原料为大麻，是西汉早期麻纸。纸上绘有山、川、崖、路，是目前世界上发现的最早的纸质地图。

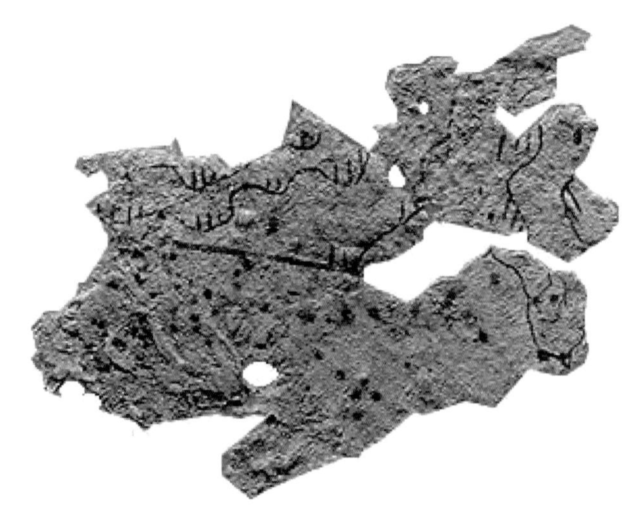

西汉麻纸地图

“赫蹏”或“方絮”。这表明中国汉族造纸术的发明同丝絮有渊源。东汉的大学者许慎在他编写的中国第一部条理清楚、体系分明的字典《说文解字》里谈到“纸”的来源时说，“纸”从系旁（“丝”旁）。可见，当时的纸主要由绢丝类物品制成，与现代意义上的纸完全不同。但由于原料来源有限、产量不多，絮纸并没有用作书写材料，但是它提供了一个可贵的造纸方法。随后，劳动人民在制造絮纸经验的基础上，又制出了最早的植物纤维纸——麻质的纸。根据考古发现，西汉时期（公元前206~公元8年）我国已经有了麻质纤维纸。不过早期的麻纸不仅质地粗糙而且数量少、成本高，不普及，也不足以代替缣帛和竹木简作为书写材料。

蔡伦发明造纸术

随着社会经济文化的发展，人们迫切需要寻找一种廉价易得的新型书写材料。我国古代劳动人民经过长期探索和实践，终于研究出了用麻绳头、破布、旧渔网等废旧麻料来制成植物纤维纸。105年，蔡伦在东汉京师洛阳总结前人的经验，改造了造纸术。他以树皮、麻头、破布、旧渔网等为原料造纸，大大提高了纸张的质量和生产效率，扩大了纸的原料来源，降低了纸的成本，为纸张取代竹帛开辟了前景，为文化的传播创造了有利条件。关于蔡伦发明造纸术，《后汉书·蔡伦传》中说："自古书契，多编以竹简；其用缣帛者，谓之为纸。缣贵而简重，并不便于人。伦乃造意，用树肤、麻头及敝布、鱼网以为纸。"后世遂尊他为我国造纸术的发明人。

从此，造纸术流传各地，纸的应用也就推广开来了。有了纸张，古人读书写字就有了良好便利的条件。到了魏晋时代，纸张逐渐取代了笨重的竹木简和昂贵的缣帛，纸写本书籍流行开来。但是，在书籍全靠抄写来流传的时期，古人读书还是相当困难的，文化的普及仍然受到很大的限制。一部长篇巨著，得抄上几年甚至十几年，不但耗费了许多时间和人力，而且抄来抄去，容易发生错误和脱漏。这就促使我们的祖先必须积极想办法，去探索、寻求复制书籍的新方法。这样，雕版印刷术便应运而生了。

汉代造纸工艺流程图

大唐信徒刷佛像 五代冯道印经忙

唐代（618~907年）是中国历史上最光辉的时代之一。由于唐初统治者对宗教的纵容（除了极个别的当政者以外），于是在唐代产生了一种朝气蓬勃的宗教的发展和兴盛的气象。在这个宗教的黄金时代里，佛教徒们显示出了一种前所未有的活泼精神，他们八仙过海，各显神通，开展了各种各样复制佛教经典的活动。成千上万的佛教印刷宣传品如雨后春笋般遍地冒了出来，“让它们冒出来的更多些吧！”成千上万虔诚的佛教徒们欢呼雀跃地呐喊道。到这个黄金时代即将结束时，雕版印刷术就水到渠成、开花结果了。

遗憾的是，尽管在9世纪佛教徒的印刷活动如火如荼地向前推进，但雕版印刷术却没引起官方的多大注意（也许是他们忙于争权夺利而自顾不暇），直到932年后唐的丞相冯道奏请刻印“九经”而得到批准。由于上层人物的摇旗呐喊，以身示范，雕版印刷术从此才取得了迅速进步，这便开创了官印经书的新纪元，进而成为宋代文教事业重兴的先声。

太宗梓行皇后《女则》

雕版印刷曾在中国的历史长河中大放光彩，那么如此伟大的发明究竟起源于何时呢？关于这一问题，现在说法不一，最有争议的就是雕版印刷是否起源于唐初贞观年间。根据明代邵经邦编纂的《弘简录》中的有关记载，这一起源说的确很有说服力。通过追寻，我们发现这一起源说的背后还牵扯着一段可歌可泣、刻骨铭心的爱情故事呢！

长孙皇后

贤良淑德识大体，一代贤后长孙氏

唐太宗李世民是中国历史上具有雄才伟略的圣明君主之一，他励精图治，开创了"贞观之治"的繁荣景象，其丰功伟绩一直为后世所传颂。俗话说，一个成功的男人背后必定有一个伟大的女人，我们在歌颂这个创造了神奇时代的英雄的同时，也不要忘了他背后那个默默付出的"贤内助"——长孙皇后。

长孙皇后是河南洛阳人，祖先为北魏拓跋氏，是一位将军的女儿。她年仅13岁就嫁给了唐国公李渊的次子李世民为妻，她貌美聪慧，端庄文雅，知书达理，因此李世民一登基就马上立她为皇后。长孙氏凭借自己的贤良淑德成功当上一国之母，这也印证了算命先生"坤厚载物，德合无疆，贵不可言"的预言。

长孙氏是美貌与智慧并存的贤后。她母仪天下之后，并没有以权谋私，而是始终以大局为重。为防止外戚专权，她劝说唐太宗不要重用自己的长兄长孙无忌，并让她的胞兄自动请求降职；为了阻止皇帝错杀忠臣，在魏征公然顶撞唐太宗而惹怒龙颜时，她挺身而出，以一句“主明臣直”巧妙化解君臣矛盾。为了使唐太宗专心治理国事不受干扰，她把整个后宫管理得井井有条，并且经常在国家大事方面替唐太宗分忧解难……她识大局、明大义，有很好的辅佐才能。她胸怀宽广、善纳良言，是皇帝的贤内助，更是忠臣的护身符。

唐太宗与长孙皇后

三千宠爱于一身，痴情皇帝李世民

贤淑温柔、正直善良的长孙皇后集三千宠爱于一身。因此，即使她的异母哥哥长孙安业参与谋反，她也没有受到牵连，反而为哥哥求情成功，使哥哥免于死罪；当她久病不愈时，太宗为了给妻子祈福，下令修葺全国破旧寺庙为她积功德……足见皇上对她的恩宠。可是长孙皇后并没有恃宠傲娇，弄得后宫人人眼红嫉妒。相反，她以她的宽容和顺感染着众妃嫔，使得后宫姐妹和睦相处，由此可见长孙皇后的博大胸襟和卓越的管理才能，这也是她获得专宠的原因。

可是自古红颜多薄命，天妒恩爱佳偶。贞观十年（636年）六月，长孙皇后终因重病而离世，唐太宗悲痛万分。为了纪念爱妻，唐太宗命人在皇后入葬的元宫外的栈道上修建起舍，并命宫人在里面居住，像侍奉活人一样来侍奉长孙皇后。后来唐太宗又在宫中建起了层观，终日眺望昭陵，以表思念之情。但魏征觉得太宗此举不当，委婉进行规劝，太宗遂拆层观，这就是后来著名的“望陵毁观”的故事。

才情满溢编《女则》，太宗悲恸令梓行

长孙皇后不但人美，而且才华横溢，不仅能写诗，还能编书。她曾经在病中编著《女则》十卷，书中主要对历代著名女子的言行进行摘录汇集，并点评其得失。长孙皇后写这本书并不是为了使其流传后世，从而实现名垂千古的野心，而是为了自我检讨，使自己的行为符合“三从四德”的宗法礼教，以教导自己成为一名称职的皇后。这本书被称为“后宫版的《资治通鉴》”，成为封建社会妇女的必读书。当然，《女则》最大的意义并不在于此，而是它与中国古代伟大的发明——雕版印刷术之间的紧密联系。根据相关资料记载，它可能是历史上最早的雕版印刷书籍，而给这一说法提供强有力证据的就是明代邵经邦编纂的《弘简录》，书中关于《女则》有这样一段记载：

“及（长孙皇后）大渐，泣与帝诀。……遂崩。年三十六，上为之恸。及宫司上其所撰《女则》十篇，采古妇人善事，论汉使外戚预政，马后不能力为检抑，乃戒其车马之侈，此谓舍本恤末，不足尚也。帝览而嘉叹，以后此书足垂后代，令梓行之。”

这段文字的最后，有“令梓行之”这句话。“梓行”，也就是雕版印行的意思。唐太宗与长孙皇后感情深厚，皇后死后，宫中有人把《女则》拿给唐太宗，唐太宗看到之后悲恸不已，拿给身边的臣子看，并叫臣子把它印刷发行，一来表达对皇后的怀念之情，二来希望这本书能给后代妇女树立良好的榜样，这样长孙皇后编纂这本书的心血才没有白费。

如果上述材料属实，那么《女则》的印行年份大约为贞观十年（636年）。这说明在那个时代之前我国就已经有了雕版印刷术，而《女则》也是文献资料中提到的最早的印刷本，这一发现对后世追寻雕版印刷的起源有着重大的意义。

《妙法莲华经》观世音菩萨普门品

武周孤本话《法华经》

流落日本的《妙法莲华经》

1906年，在新疆吐鲁番出土的唐代印刷品《妙法莲华经》中的《分别功德品第十七》1卷，先是由新疆布政使王树枏收藏，后辗转流入日本，被东京画家中村不折购得，现存于1936年11月中村不折以自己的住宅作为馆址建立的东京书道博物馆。此经作卷轴装，印以黄麻纸，一纸一印，无牌记和年款，经文中有武则天亲自特制的文字。1952年，日本版本目录学家长泽规矩也对此本进行了研究，将其定为武周刻本，时间在690年至699年之间。之所以定于这个期间，是因为武则天死后，因生前尊号被削夺，武氏集团遭到杀黜，其所制定的文字也很快被废弃不用。另外，武后造字笔画复杂，而且有的字将四框改为圆圈，不像横平竖直那样容易雕刻，一般的雕字工匠不会舍易求

东汉初期，佛教传入中国，经过南北朝的发展，到了隋唐进入鼎盛时期。由于唐朝统治者的提倡，佛经成了唐代印刷品中的主要品种之一。而1906年在新疆吐鲁番出土，现藏日本的《妙法莲华经》则是现存最早的雕版印刷品实物。

难。所以，这卷《妙法莲华经》无疑是武则天当政时的印刷品。

要想成佛，必看“法华”！

《妙法莲华经》，简称《法华经》——法华三部经之一，其余两部为《无量义经》与《观普贤菩萨行法经》。

《妙法莲华经》是真正的佛之本意，佛祖整个学说思想的核心、重心就在本经，整个三藏十二部、整个佛教的重心也在于此。古人有这样的说法，“开悟的楞严（《楞严经》），成佛的法华（《法华经》）”。《妙法莲华经》是总结性的说法，是佛祖最圆、最后的49年说法，它把所悟的、所证的妙法最后一点也不保留地全部展现在了世人面前。因为经中宣讲内容至高无上，明示不分贫富贵贱，人人皆可成佛，所以《妙法莲华经》也被誉为“经中之王”，这是它在整个佛祖教法、经教里的地位。它是佛

《妙法莲华经》

明代《妙法莲华经》刻本，藏于镇江博物馆

祖说法中最后高度总结概括的大法，于是把它称为“妙法”。

佛经上说，佛祖来到人间就是为了要推出《妙法莲华经》的经义。所以，能够有缘听佛祖说此经的人，也就是能够坚持修行多年、跟随佛祖多年，能坚持到最后的人，肯定根基都不浅，他们比较容易接受此经。《法华经》为了弘扬佛陀的真实精神，采用了偈颂、譬喻（法华七喻）等手法赞叹永恒的佛陀（久远实成之佛），说释迦牟尼成佛以来，寿命无限，现各种化身，以种种方便说微妙法。由于该经行文流畅、词藻优美，因此在佛教思想史、文学史上具有不朽的价值，是自古以来流布最广的经典。

出淤泥而不染，“华”与果而同时

《妙法莲华经》，梵文为Sad-dharma Pundárika Sūtra。Sad-dharma，中文意为“妙法”；Pundárika 意译为“白莲花”，以莲花（莲华）为喻，象征每个众生都有本来自性清净的真如佛性，“出淤泥而不染”比喻佛法之洁白、清净、完美；Sūtra意为“经”。故此经全名为《妙法莲华经》。为什么要用莲华（花）作为形象代表呢？“出淤泥而不染”表面上是引用了宋代词家隐士周敦颐《爱莲说》里的句子“出淤泥而不染，濯清涟而不妖”，但这显然还不是佛祖引用莲花的用意。莲花在水面上开花的时候，它水底下面的根（莲藕）也开始结成了，也就是结果了，所以说花果同时。这在其他的植物里面很少有，其他植物是先开花后结果，有一个时间的先后顺序。花果同时，开花的当下，莲果自成，这是佛经里面经常引用莲华（花）作形象比喻的真实用意。

其他被发现的《法华经》

一般认为，此经起源甚早，并经过不同的历史阶段陆续完成。它曾在古印度、尼泊尔等地长期广泛流行，已发现有分布在克什米尔、尼泊尔和中国新疆、西藏等地的梵文写本40余种。这些写本大致可分为尼泊尔体系、克什米尔体系和新疆体系。尼泊尔体系所属的写本大致为11世纪以后的作品，一般保存得较完整。在我国新疆喀什噶尔等几个地区发现的大多数是残片，内容与尼泊尔体系的抄本比较接近，从字体上看，大致是7～8世纪的作品。另外，在新疆还发现有和阗文的译本。根据有关资料记载，此经共有汉译、藏译等的全译本和部分译本的梵汉对照、梵文改订本等17种。除后秦鸠摩罗什译的7卷28品为后世广泛流传外，尚有晋朝竺法护译的《正法华经》10卷27品，又有隋朝阇那崛多和达摩笈多重勘梵文，译为《添品妙法莲华经》7 卷27品。

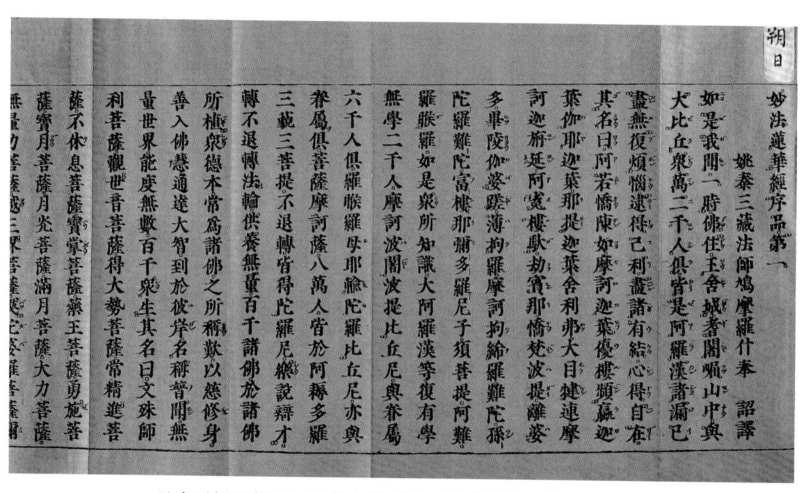
朔日
妙法蓮華經序品第一
姚秦三藏法師鳩摩羅什奉 詔譯
如是我聞一時佛住王舍城耆闍崛山中與
大比丘衆萬二千人俱皆是阿羅漢諸漏已
盡無復煩惱逮得己利盡諸有結心得自在
其名曰阿若憍陳如摩訶迦葉優樓頻蠃迦
葉伽耶迦葉那提迦葉舍利弗大目揵連摩
訶迦旃延阿㝹樓馱劫賓那憍梵波提離婆
多畢陵伽婆蹉薄拘羅摩訶拘絺羅難陀孫
陀羅難陀富樓那彌多羅尼子須菩提阿難
羅睺羅如是衆所知識大阿羅漢等復有學
無學二千人摩訶波闍波提比丘尼與眷屬
六千人俱羅睺羅母耶輸陀羅比丘尼亦與
眷屬俱菩薩摩訶薩八萬人皆於阿耨多羅
三藐三菩提不退轉皆得陀羅尼樂說辯才
轉不退轉法輪供養無量百千諸佛於諸佛
所殖衆德本常爲諸佛之所稱歎以慈修身
善入佛慧通達大智到於彼岸名稱普聞無
量世界能度無數百千衆生其名曰文殊師
利菩薩觀世音菩薩得大勢菩薩常精進菩
薩不休息菩薩寶掌菩薩藥王菩薩勇施菩
薩寶月菩薩月光菩薩滿月菩薩大力菩薩
無量力菩薩越三界菩薩颰陀婆羅菩薩彌

日本元禄五年（1692年）的刊本《妙法莲华经》八卷书影

内最早的印刷品

银镯藏经咒

1944年4月的一天，在四川大学校园内，师生们都像往常一样，行色匆匆地穿梭于每天必经的道路上，他们丝毫没有察觉到一件举世轰动的文物——唇印本《陀罗尼经咒》即将在自己脚下被发现。

当时，川大正修筑道路，在修到距离锦江边约五六十米的地方，意外发现了几座小型的唐墓，《陀罗尼经咒》就出自其中之一。刚发掘时，考古人员只整理出一些较为平常的陪葬物品，比如玉器、丝绸、金银等，甚至当他们从尸骨的右臂上取下那只装裹有《陀罗尼经咒》的银镯时，都还未注意到其中的奥秘，直待整理文物时，才发现这件暗藏镯内的绝世珍品！

单从《陀罗尼经咒》的陪葬方式来看，唐墓的主人对它甚是爱护，小小一页经咒，居然藏于银镯之内，"以银护咒"，足以说明该经咒的历史地位。

《陀罗尼经咒》是中国现存最早的印刷品，1944年发掘于成都市东门外望江楼附近的唐墓，现存于四川省博物馆。《陀罗尼经咒》约一尺见方，上刻古梵文经咒，四周和中央印有小佛像，边上有一行汉字依稀可辨，为"成都府成都县龙池坊卞家印卖咒本"。

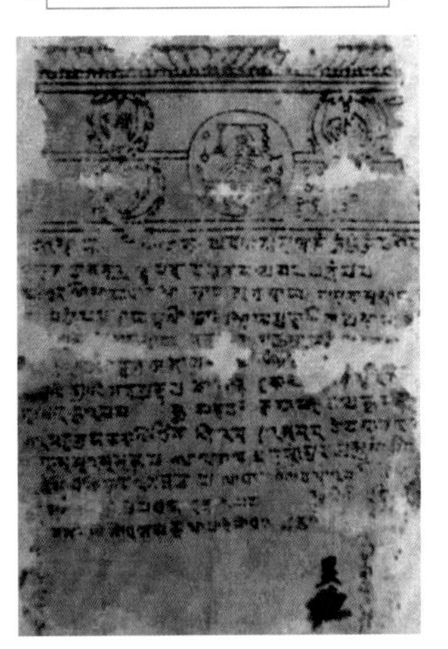
梵文《陀罗尼经咒》初唐印本

打败《金刚经》

《陀罗尼经咒》这一单页咒本，是中文和梵文合刻的最早印本。在唐代，印章与碑拓两种方法逐渐发展合流，从而出现了雕版印刷术。825年1月2日，诗人元稹为白居易的《长庆集》作序，说到当时扬州和越州一带处处有人将白居易和他自己的诗"缮写模勒"，在街上售卖或用来换茶酒。"模勒"就是刊

金刚经变中的舞乐

刻。这是现存文献中有关雕版印刷术的最早记载。

这页《陀罗尼经咒》上没有具体的印刷日期，但从雕版及其所刻的汉字来看，字体秀劲圆活，具有唐人书法的风格。其首行竖镌有汉文“成都府成都县龙池坊卞家印卖咒本”。这里又将插入一小段历史——成都开始设府是唐肃宗至德二年（757年）的事，以此可以推断印本当在757年之后，而墓葬年代约在9世纪后半期，从而推断印刷时间应在757年到900年之间。

而《金刚经》却在卷末写有一行文字“咸通九年四月十五日王玠为二亲敬造普施”，也即是在868年印成的。因此，尽管两者“争锋相对”许久，聪明的中国人仍旧可以使他们和睦相处——《陀罗尼经咒》是国内现存最早的印刷品，而《金刚经》是国内现存有明确年月记载的最早的印刷品。所以也有记载说国内最早的印刷品是《金刚经》，其实并不是完全正确的。若非要说《金刚经》是国内最早的印刷品也并非不可，毕竟该典籍已经被英国斯坦因盗走，现存于英

国内现存最早的印刷品——唐代成都县龙池坊卞家刻本《陀罗尼经咒》

国伦敦大英博物馆。只是在一系列考察之后，更多的考古学家认为《陀罗尼经咒》更可能是国内最早的印刷品。这件稀世之珍，现藏于北京中国历史博物馆，随着时间的推移，它必将受到更多世人的瞩目和景仰。

经咒的前世今生

《陀罗尼经咒》长34厘米，宽31厘米，用唐代著名的茧纸印制。印本质地薄且半透明，异常柔韧。中央为一小方栏，栏中有六臂菩萨刻印一尊，手持各种法器。栏外围刻几圈梵文且外雕双栏，四角及每边都有菩萨和供品刻像。从梵文本身及构图来看，系佛教密宗之物，与藏传佛教颇有关系。

《陀罗尼经咒》虽然保存完整，但毕竟时隔久远，加上现代社会科技的进步以及后出土的类似于《金刚经》《无垢净光大陀罗经》《妙法莲华经》等佛教经典著作，《陀罗尼经咒》并没有受到广泛的关注。现代社会的人们对佛教的著作也并不十分感兴趣，因此佛教典籍也仅仅是作为文物来保存以供人瞻仰，而不能流传于世间，让人们像唐墓主人对《陀罗尼经咒》的爱护一样尊重并吸收它们。

经咒，即指某些宗教的经文与咒文。引据经典如下：

《隋书 · 南蛮传 · 真腊》：“每旦澡洗，以杨枝净齿，读诵经咒。”

唐代白居易《如信大师功德幢记》：“佛仪在上，经咒在中，记赞在下，皆师所嘱累，门人奉遗志也。”

清代蒲松龄《聊斋志异 · 林四娘》：“女不甚睡，每夜辄起诵《准提》《金刚》诸经咒。”

佛說金輪佛頂大威德熾盛光如來陀羅尼經 啓請

仰啓五星尊重主 天中自在熾盛光
行乘赫奕紫金車 車中復居紅蓮座
其花八萬四千葉 葉葉皆放火焰光
光明上照尼吒天 下燭泥犁十八獄
前將五星為侍者 後以釋梵作威儀
眉間放大日月光 光中化佛無邊億
八萬恒沙諸世界 慈悲應接苦衆生
二十五有諸含靈 既向皆蒙罪消滅

《陀罗尼经咒》现印版

不看历书怎辨春秋

历书为何物？

历书，作为按照一定的历法排列年、月、日、时并注明节气的参考书籍，一般由政府颁发，公布来年的年号、节日、节气，以反映自然界时间更替和气象变化的客观规律，指导劳动人民的农业生产，也作为政府公文签署日期的依据。我国在古代是典型的农业社会，农业为国之根本，要发展农业必然少不了对气象变化的密切关注，因此历书在社会生产生活中的重要性不言而喻。古往今来，“帝王之治天下，以律历为先；儒者之通天人，至律历而止。历以数始，数自律生，故律历既正，寒暑以节，岁功以成，民事以序，庶绩以凝，万事根本由兹立焉”。历代皇帝都很重视历法的颁制。从唐朝起，各代王朝开始对历法实行严格的管理。

诗人李开先的诗作《富村翁》中写到：“历书不会看，何以辨春秋。花开是春种，花落是秋收。晦前月如盘，朔后月如钩。胸中无别虑，身外复何求。”那么，历书究竟为何物？为何不看历书便不会“辨春秋”了呢？

官修历书的兴盛

据史书记载，唐文宗大和九年（835年），唐王下令编制了我国第一本雕版印刷的历书——《宣明历》。《宣明历》对日月、时辰和节令有着详细的记载。当时，为了防止民间滥印历书，唐文宗下令今后历书必须由皇帝亲自审定，由官方印刷。从那以后，皇帝颁布的历书则被称为“皇历”。

唐代官修历书有《戊寅元历》《麟德甲子元历》《开元大衍历》《宝应五纪历》《建中正元历》《元和观象历》《长庆宣明历》《景福崇玄历》等。唐代

唐乾符四年《历书》残存

唐中和二年成都府樊赏家刻印的历书书影

负责造历书的单位是司天台，“每年预造来年历，颁于天下”。唐代大诗人白居易曾写有诗提到“司天台，仰观俯察天人际”。

我国现存的古代印刷品中，有两件唐代雕版印刷的历书尤为珍贵。据考证，这两件历书应该是民间印刷品。一件是唐僖宗乾符四年（877年）印本历书，上部为历法，下部为历注。历书中除记载日期、节气、月大、月小外，还印有阴阳五行、吉凶禁忌等内容，与后代所印的历书已无太大差别，并且这本历书还佐证了一点，那就是在当时民间社会历书和占卜密切相关。另一件是唐僖宗中和二年（882年）印本历书残本，虽然残佚不全，却非常难得地保留了“剑南西川成都府樊赏家历”的字样和“中和二年”的纪年。这两种历书不仅同为现今世界上最早的纸质刻印历书之一，也是珍贵的早期雕版印刷资料。二者原藏于敦煌石室，发现于1900年，现均存于英国伦敦大英博物馆。

民间历书刻印遭禁

唐朝时期，由于雕版印刷业的日益兴盛和商品经济的强有力推动，与农业生产和人们的日常生活密切相关的历书出版活动，在蓬勃发展的图书出版业中表现得异常活跃，其最突出的表现是不断冒犯政府的历书管制政策。朝廷虽然对历书的出版与流通采取了许多严厉的管制措施，但在印刷、贩卖历书的巨额利润驱动下，民间历书商们往往新招迭出，变本加厉。

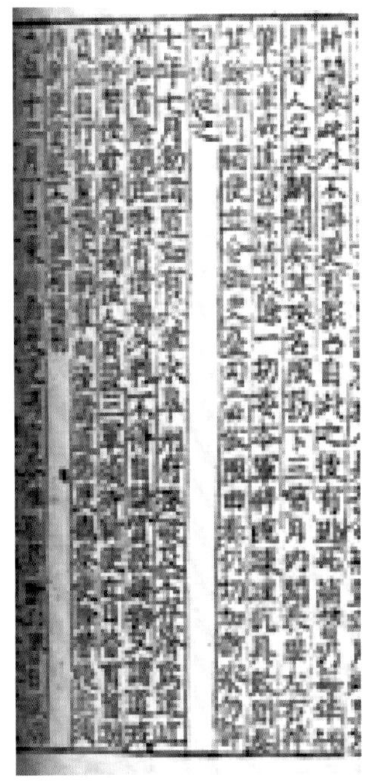

《旧唐书》中关于唐文宗（827~840年）下令禁止民间刻印历书的记载

唐朝政府每年岁末编出新历，颁行全国。书商们大都依官颁历本翻刻、印卖，虽有少数人自行编修历书出版，也大多是于官颁历本之后，在模仿官颁历本的基础上，加印阴阳五行、吉凶禁忌等内容而已。但是唐朝后期，一些书商为了使自己在竞争中立于不败之地，在朝廷颁行历本之前，就擅自编印历书，抛向市场。这些先于官颁新历而印卖于市的历书，差错百出，造成了许多混乱。

那时，在扬州和苏州一带，民间私印历书的风气很盛行。在北宋人写的笔记体杂史《唐语林》一书中，记载了这样一件事：唐末黄巢起义时，僖宗逃往四川，长江下游一带得不到官府的历书，于是那里的人便自己刻印了历书出卖，没想到印卖历书的人竟因每月大小尽不同（农书，一个月30日为大尽，29日为小尽）发生了争执，被拘送到官府，糊涂的地方官对他们说："你们同行做生意，差一天半天有什么关系呢！"于是把他们呵退了事。这件事也反映了唐末长江下游一带民间印卖历书极为盛行。

于是唐文宗"敕诸道府：不得私置日历版"。这是迄今为止发现的有关政府对历书出版活动加以调控的最早记载。但此时，民间的历书印刷并非说禁止就能禁止的，在国都的市场上，唐律禁止的民间历书被公然贩卖。唐后期，在藩镇割据的形势下，中央政府的号令得不到全面的贯彻实施。大和九年（835年）唐文宗禁止各地私置日历版的敕令在许多地方都未执行。此后不到半个世纪的时间内，唐朝爆发了多起农民起义，著名的有浙东的裘甫起义、桂林的庞勋起义以及席卷大半个中国的黄巢起义。这些农民起义有力地动摇了唐王朝的统治地位。“王室日卑，号令不出国门”，中央政府根本无法向各地颁行历本，于是，许多地方的历书出版仍处于失控状态。

五代后期，一些书商为了占有历书市场，纷纷精雕细刻，反复校勘，以提高刻印质量。同时他们中的不少人不再擅自编修历本了，而是通过各种关系，运用行贿等手段，在每年官颁历本之前，从国家主管部门司天监官员那里套取历本，速刻速印，抛向市场。鉴于此种情况，官方随之调整了对策，对在官颁历本之前向出版商泄漏历书稿本的官员严加惩处。后周太祖郭威于广顺三年（953年）下诏规定：“所有每年历日，候朝廷颁行后，方许私雕印传写，所司不得预前流布于外，违者并准法科罪。”尽管如此，民间仍然存在私自印刷历书的现象。史载，当时“民间又有所谓万分历者”。

后周太祖郭威

敦煌莫高窟

藏经洞里藏《金刚经》

莫高窟密室里藏着的稀世珍品

1990年，一个名叫王元箓的游方道士来到敦煌莫高窟，他在修复莫高窟的一幅壁画时，无意中发现壁画破损处的泥土层后面不是山石，而是用砖砌成的墙壁。他敲开墙砖，发现里边是一间密室——藏经洞，室内书籍堆积高达3米。经查阅后，发现书卷有1130捆，共15000卷，每捆用布包裹密封书卷10余卷。这些书卷绝大部分是5世纪到10世纪末的手抄本，包括稀世珍品《金刚般若波罗蜜经》在内的古代早期印刷品也杂置其中。

敦煌莫高窟，位于甘肃省河西走廊西端，俗称“千佛洞”，一直以精美的壁画和形象的塑像闻名于世，与龙门石窟、云冈石窟和麦积山石窟合称为“中国四大石窟”。可你曾知道，近代发现的藏经洞内有5万多件古代文物，本文所述的稀世珍品《金刚经》就出自这里。

雕版印刷的《金刚经》

《金刚经》，全称为《能断金刚般若波罗蜜

经》，又叫作《金刚般若波罗蜜经》。它是一部被佛教奉为圭臬的经典著作，自传入中土以来就产生了极大影响，可谓是家喻户晓，人人传诵。同时，它也是在我国境内发现的最早的有明确日期记载的印刷经书。这卷在敦煌莫高窟被发现的《金刚经》，由7张雕版印刷的印张连接而成，有正文6页，卷首木刻图1页，全长约5.3米，高约33厘米。

卷首所印的佛教画高24.4厘米，宽28厘米，画面上是释迦牟尼佛向孤独园长老须菩提说法的场面。画的正中是释迦牟尼坐在莲花座上，座前的小桌上供奉着法器，白佛拂顶，左右飞天环绕。佛座两侧有金刚守护，身后二菩萨、九比丘及帝王、宰官围绕随侍在佛座前，两狮子分踞左右。长老须菩提则如经中所说，偏袒右肩，右膝着地，神态安详地合掌仰脸聆听教诲。莲花座前的两侧环立着护法、施主、僧众等人，他们均在安静地倾听。整幅画面内容丰富又主次分明，人物众多而安详，事物纷繁而不杂乱，可见绘画与雕刻水平之高超，由此可知印刷术在唐朝已相当

唐咸通九年刊刻的《金刚般若波罗蜜经》卷首版画

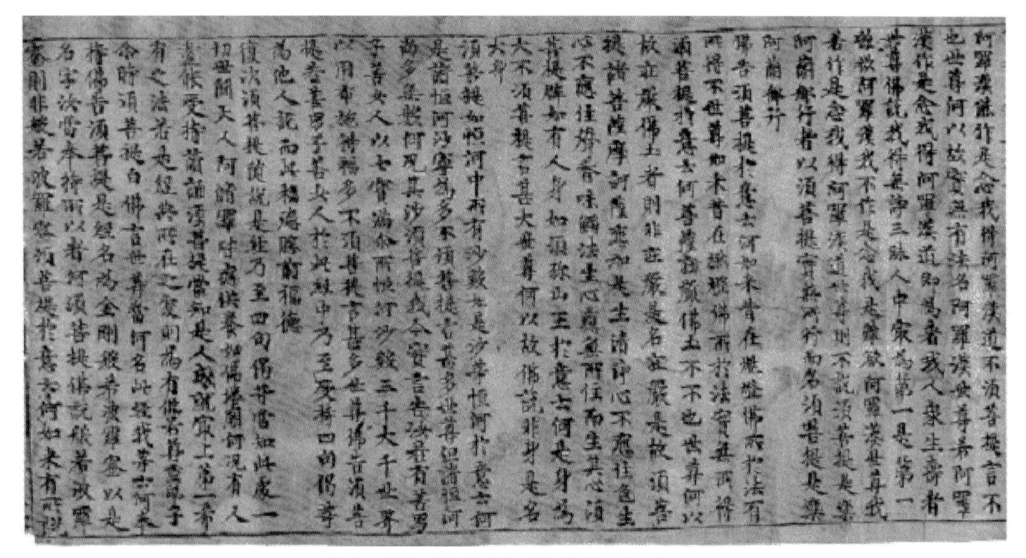

唐咸通九年刊刻的《金刚般若波罗蜜经》局部

成熟。

卷中正文即为《金刚经》的玄妙内容，大致包括二道五菩提。“初问初答”——须菩提初问：应云何住？云何降伏其心？佛为作解说——为宣说般若道；“再问再答”——佛解说后，须菩提再次提问一遍，佛的回答大致相同——为宣说方便道。五菩提则指发心菩提、伏心菩提、明心菩提、初到菩提、究竟菩提。

卷末印有“咸通九年四月十五日王玠为二亲敬造普施”的字样，从中可得出这件印刷品是唐懿宗咸通九年即868年印制的，刻书人名叫王玠，而雕刻目的则是为父母祈福。

赤诚又敬虔的孝心

从王玠这位世界上有记录的最早的刻书人自己出钱刻印《金刚经》的动机中，我们或许可以猜测，

小和尚念经图

《金刚经》作为佛学经典，对当时人们更深刻的意义或许并不在于其中充满奥妙的玄法佛理，而在于传诵它可以积德行善。书内也一再借用佛的话，说凡能为人说此经者，就可以得到深厚的福德。因此，自古以来抄写《金刚经》成为极为通行的祈福消灾、积德造福的方法，至今影响犹在。一位美国作家在20世纪20年代出版的作品中曾提到，他认识的一位哥伦比亚大学的中国留学生，因其母亲重病不愈身体堪忧，在出洋前曾发誓，若母亲身体康复，愿抄录5遍《金刚经》，母亲重病得治后，他果然抄写了5遍经文还愿。虽然王玠的生平事迹已不可考，但通过这7页经书我们或许能感受到，王玠是怀有一颗怎样的孝敬父母的敬虔的心为他们敬造普施的，而在刻印经文时，心中又是充满了怎样的感恩与愉悦！

自从《金刚经》被发现以来，研究它的学者、僧人不计其数，其中探寻我国古代先进雕版技术的有之，赞扬其卷首杰出版画艺术的有之，分析其书法特色的也有之，皆成果斐然。但是我们相信，这本《金刚经》得以面世的原因，即最早刻书人王玠对双亲的一片赤诚之心，也就是中国人几千年流传下来的孝道美德，不会比这些艺术成就价值低。

这本《金刚经》自1907年被英国人斯坦因盗走后，先藏于英国伦敦大英博物馆，现在则藏于大英图书馆。虽然这份精美的印刷品被盗走是令人痛惜的，但我们应知道，经书所象征的行善的意义，人们对父母家人的爱护孝顺之情、对积善积德的追求向往，在现代社会是弥足珍贵的。不论《金刚经》身在何处，它所体现的精神都是值得我们纪念与传承的。

大英图书馆

乐老倡议刻“九经”

五代的冯道及他倡导刻印儒家“九经”这一首创性的行动，在中国印刷术的历史上占有重要的地位。它开创了古代官刻的新纪元，从此以后，雕版印刷从民间的行为变成了政府的行为，使我国图书形式主流开始由手写本转变为印刷本。我国古代图书出版活动由此进入了一个全新阶段。

明哲保身，只为乱世求存

冯道（882～954年），字可道，自号长乐老。生逢五代乱世，凭着既要洁身自好又打算委曲求全的人生哲学，他仕途畅达，历经四朝十帝，拜相20余年，人称官场“不倒翁”。

后汉乾祐元年（948年），高祖刘知远死后，隐帝刘承祐即位，即位后沿用后汉高祖年号乾祐，派郭威镇压起义，但郭威与起义军联合，刘承祐被杀，后汉亡。郭威进攻洛阳，认为后汉大臣一定会推戴自己为帝，可是在见到冯道时，却发现冯道一点表示都没有，只是像往常一样向他行礼。郭威意识到取代后汉为帝的时机尚未成熟，于是就假意提出立刘赟为帝，并且派冯道到徐州去迎接。因此当时的舆论并没有把后汉之亡归罪于冯道，而冯道对于改朝换代、丧君亡国也因习以为常而并不在意。正是这样一种坦然面对朝代更迭、委曲求全的处世哲学，才使得他能够在仕途上呼风唤雨。

冯道在发迹之前写过一首诗：

莫为危时便怆神，前程往往有期因。

终闻海岳归明主，未省乾坤陷吉人。

道德几时曾去世，舟车何处不通津？

但教方寸无诸恶，狼虎丛中也立身。

确实，他也是这样做的。在一个豪强割据、朝纲败坏的时代，要懂得能屈能伸，必要时把持操守，必要时委曲求全，这才是一个君子在乱世中应有的处世态度。

冯道

阴差阳错，只为复制“九经”

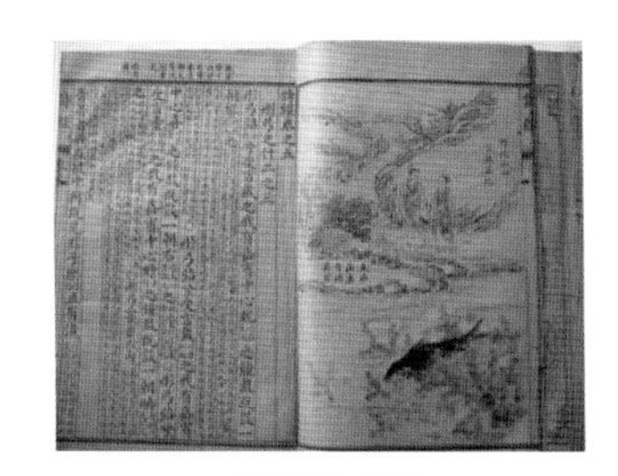
《诗经》书影

相传，冯道倡议刻“九经”（即《周易》《诗经》《尚书》《周礼》《礼记》《仪礼》《春秋左氏传》《春秋公羊传》《春秋谷梁传》）是源于一场机缘。一日，他在返乡途中遇到一卖书贩子，发现书的种类很多，数量也很多，却唯独没有儒家经典。于是，他就萌生了一个想法：既然日常杂书可以通过印刷大量复制，那儒家经典为什么不能借用印刷大量复制呢？在他看来，当代乱世犹比礼崩乐坏的战国，只有让儒家经典大量传播，让礼乐文化撒播于世，才能治乱世、存万民。于是，冯道打破了经典只用石刻的传统，结合当时石刻不易大量复制且复制成本高等弊端，联合朝臣李愚等人向后唐明宗李嗣源奏请雕版印刷儒家经典“九经”。其实五代是中国历史上最为动荡的一个时期，无论从财力还是国力上，政府都已经没有任何能力再石刻经典了。石刻经典不仅耗费钱财还耗费时间，经典短期内很难被大量复制。经典数量不足，难以满足人们尤其是知识分子对书籍的需求。在重重压迫之下，后唐明宗李嗣源欣然同意了冯道等人的建议，下令雕版印刷“九经”。后来实际雕印了12部书籍，除“九经”外，还有《经典释文》《五经文字》和《九经字样》。

乱世刻经典，治世显名望

后唐明宗，名李嗣源（867～933年），李克用养子。他杀死庄宗后继位，在位8年，病中兵变受惊而死，终年67岁，葬于徽陵（今河南省洛阳市附近）。

当此五代乱世，刻书不易，冯道于后唐长兴三年（932年）奏请皇帝，以唐代《开成石经》为底本，雕印儒家“九经”。其奏请得到皇帝批准，于当年开始印行，由国子监全面主持，故史称《五代监本九经》。这些经书历时22年，一直到后周广顺三年（953年）才全部刻印完。雕印儒家“九经”标志着印刷术

西安碑林

《开成石经》，唐代的十二经刻石，始刻于文宗大和七年（833年），于开成二年（837年）完成。原碑立于唐长安城务本坊的国子监内，宋时移至府学北墉，即今西安碑林。

从民间走入官府，并影响了以后几个朝代，宋代国子监刻书就以其为底本。冯道刻印“九经”，使我国图书形式主流开始由手写本转变为印刷本，我国古代图书出版活动也由此开始进入一个全新阶段。

正是由于开雕版印刷经典之先河，冯道才得以扬名青史。宋人沈括在《梦溪笔谈》中说：“版印书籍，唐人尚未盛为之，自冯瀛王（冯道）始印五经，已后典籍皆为版本。”曾任美国哥伦比亚大学中国文化系系主任的卡特教授，在他的名著《中国印刷术的发明和它的西传》中对冯道这一雕印“九经”的开创性行动予以了高度评价，他说冯道及其同僚对中国印刷的业绩可以和古登堡在欧洲的业绩相比。古登堡以前，欧洲已经有了印刷（雕版印刷断然已有，可能还有活字印刷的试验），但古登堡印行《圣经》，为欧洲的文明开了一个新纪元。同样，在冯道以前也已有印刷，但它只是一种不显于世的技术，对于国家文化的影响很少，冯道的刊印经书使印刷成为了一种力量，从而导致了宋代文教的重兴。

毋昭裔实现刻书梦

在科技迅速发展的今天，我们早已习惯了从琳琅满目的书籍中积累知识、拓展视野。世事沧桑，我们现在或许很难想象，在1000多年前，人们只能通过手抄的方式得到自己想要的书籍，不仅效率低下，而且成本极高。正是在这种背景下，后蜀宰相毋昭裔首开先河，大力推动私人刻书的发展，为中国的雕版印刷作出了重要贡献。

少年磨难，志存高远

由于政府的提倡，五代十国时印刷业得到了很大发展，不但有了官刻经典，士大夫阶层的私人刻书（世称“家刻本”）也多了起来，蜀国的京城成都便是当时出版业的缩影。从唐末到宋初，成都70多年没有发生过战乱，因而经济发达、文化兴盛，人们对书籍的需求量越来越大，又加上盛产麻纸，印刷术有根底，这就为印刷业的发展提供了有利条件。当时后蜀宰相毋昭裔便是私人大量刻印书籍的先驱。

毋昭裔是河中龙门（今山西河津县）人，生卒年不详，是后蜀时一位有识略的谋臣，也是当时颇负盛名的刻书家。毋昭裔少年时即博学多才，卓有见识。大约在后蜀高祖孟知祥曾为后唐太原尹、北京留守，镇守今山西地区时，毋昭裔效力于孟知祥麾下。孟知祥对毋昭裔非常器重，视其为奇士，据蜀自立后即以他为御史中丞。

《文选》

《文选》：由南朝梁武帝的长子萧统组织文人共同编选。萧统死后谥“昭明”，所以他主编的这部文选称作《昭明文选》。该书共30卷，录自先秦到梁初130位知名作家所写的赋、诗、杂文700余篇，是现存最早的诗文总集，对后代文学影响颇大。

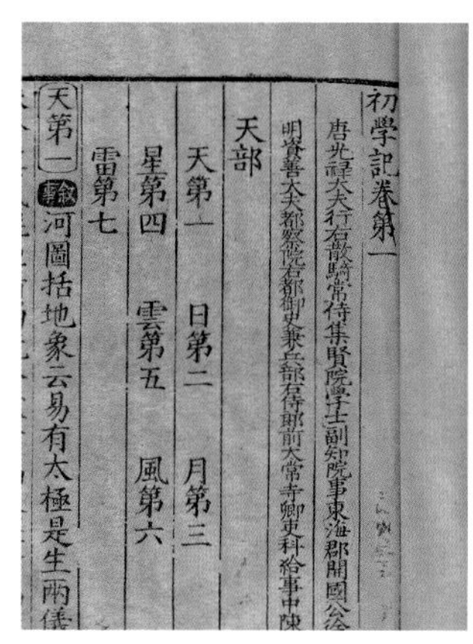
初學記卷第一
唐光祿大夫行右散騎常侍集賢院學士副知院事東海郡開國公
明資善大夫都察院右都御史兼兵部右侍郎前太常寺卿吏科給事中
天部
天第一　日第二　月第三
星第四　雲第五　風第六
雷第七
天第一
敘事　河圖括地象云易有太極是生兩

《初学记》

《初学记》：唐玄宗为方便诸皇子巡检资料，特命徐坚等人编写，共30卷，于727年成书。该书取材于群经诸子、历代诗赋及唐初诸家作品，是一部以知识为重点兼顾辞藻典故和文章名篇的类书。

在毋昭裔的少年时代，社会上书籍的流传主要靠抄写。由于抄写费时费工，加之复本少、成本高，因此要得到一部书是很不容易的。毋昭裔曾向朋友借阅诗文总集《文选》和类书《初学记》的抄本，却遭到拒绝。他十分气愤，发誓日后如果发迹，一定要把书籍刻版印刷，给读书人提供方便。

念念不忘，必有回响

后来，毋昭裔果然当了宰相，便叫人刻印了《文选》《初学记》和白居易编的类书《白氏六帖》，实现了自己少年时的愿望。

当然，毋昭裔并不满足于此，卓有远见的他，看到了这种新技术具有使文献供应平民的可能性，曾多次奖掖印刷事业。宋代有位作者记录："自唐末以来，所在学校废绝，蜀毋昭裔出私财百万营学馆，且请刻板印《九经》，蜀主从之。由是蜀中文学复盛。"可见，毋昭裔为后蜀的文化教育发展作出了不小的贡献。

五代十国虽然是一个战乱频仍、朝代频繁更替的时期，但是在儒学文化的传承方面，它却作出了极其重要的贡献，这和毋昭裔是分不开的。他在蜀中偏远之地，个人出巨资，先是刻"九经"于石，立于成都学馆，后来又刻成"九经"印版刊印儒经，前后持续十几年时间。据《十国春秋・毋昭裔传》记载："昭裔性嗜藏书，酷好古文，精经术。常按雍都旧本《九经》，命张德钊书之，刻石于成都学宫。"

绵延传承，福泽后世

到了宋代，毋家所刻的书籍已遍销海内。正因为如此，宋太祖灭后蜀时，惩罚了许多在后蜀做官的人，却唯独对毋家网开一面，下令把雕版全部还给毋家。那时的毋昭裔已经垂老，退隐于家，不闻于世。这时朝廷加以荣宠，征召至京，同时又征集旧版，仍在他的指导之下重新刊印书籍。从那时起，原在蜀境内流行的刻本便开始通行于全国。他的子孙后世继续从事刻书事业，甚至还因其所刻之书而加官晋爵，成为成都世代相继的有名出版家。

毋昭裔开创了私人刻印图书的先河，为中国的雕版印刷作出了重要贡献。在中国古代的书籍出版史上，蜀版图书可以说是浓墨重彩的一笔。他事后蜀两主，以远见卓识、勤谨审慎闻名当时。他不仅是出版界的先行者，也很爱读书，家中藏书很多，著有《尔雅音略》。毋昭裔死后，他的儿子毋守素将藏书与刻版献给了北宋朝廷。

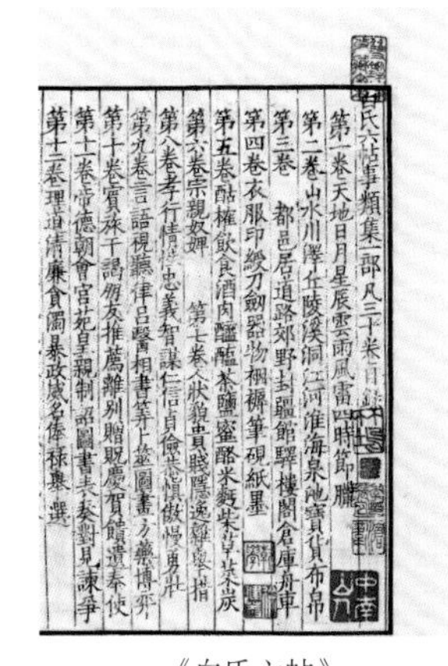
白氏六帖事類集一部凡三十卷目錄
第一卷天地日月星辰雲雨風雷四時節臘
第二卷山水川澤丘陵溪洞江河淮海泉池寶貨布帛
第三卷 都邑居道路郊野封疆館驛樓閣倉庫舟車
第四卷衣服印綬刀劍器物裀褥筆硯紙墨
第五卷酤榷飲食酒肉醯醢茶鹽蜜醪米麪柴草菜炭
第六卷宗親奴婢 第七卷人狀貌貴賤隱逸辭讓指
第八卷孝行情性忠義智謀仁信貞儉恭慎傲慢勇壯
第九卷言語視聽律呂聲音相書筭卜筮圖畫方藥博弈
第十卷賓旅干謁朋友推薦離別贈貺慶賀饋遺奉使
第十一卷帝德朝會宮苑皇親制詔圖書表奏對見諫爭
第十二卷理道清廉貪濁舉奏政威名德祿秩舉選

《白氏六帖》

《白氏六帖》：白居易为储备撰文作诗资料而编，共30卷。该书辑录了唐以前经传百家书中的典故、辞藻、诗文佳句。此书与《初学记》都是专供学子应试用的类书。

九经：隋炀帝以"明经"科取士，唐承隋制，规定《三礼》（《周礼》《仪礼》《礼记》）、《三传》（《左传》《公羊传》《谷梁传》）连同《易》《书》《诗》，称为"九经"。五代十国的后蜀所指的九经就是唐时的九经。

关于毋昭裔印书的确切日期，意见有分歧。从各方面的来源看，冯道在蜀所见的印刷，曾经使他受到了很大影响。根据王明清所记，似乎后唐征服蜀国之时，毋昭裔的事业已达到全盛。但另一方面，毋昭裔之实任蜀相，显然是在934年蜀国重新独立以后的事。看来他在教育方面的活动和奖掖印刷事业，是在升任国相以前开始的。不管情形怎样，在929年冯道征服蜀国之前，一定已经有相当规模的印刷事业了。

越王敬造《宝箧经》

五代时偏居江东一隅的吴越国王钱氏历经5代享国86年，在五代十国中算是国祚最长的一个。它之所以如此，与它的历代国王信佛有很大的关系，尤其是钱俶更是嗜佛成癖。于是，我们今天得以明白他为什么要刻印三部《宝箧印陀罗尼经》了。

五代时期的佛教印刷品

五代时期，佛教有了一定的发展，在一些割据的国家，由于统治者的特别提倡，佛教非常兴盛。据记载，后周在显德二年（955年）时，有寺院2964所，僧尼61200人，这说明当时佛教的规模是很大的。而当时佛像、佛经的印刷，也遍及南北各地，流传下来的五代佛教印刷品也较其他印刷品多。五代时期，在政治、经济、生产上，吴越国是比较稳定、繁荣的朝廷之一。吴越钱氏诸王信奉佛教，其中以忠懿王为最，他曾大量修建寺庙、兴造佛塔、雕印佛经。20世纪以来，吴越国雕印的佛经实物多有发现。

三次被发现的《宝箧印陀罗尼经》

1917年在湖州天宁寺改建过程中，就在石幢象鼻内发现了数卷藏存的《一切如来心秘密全身舍利宝箧印陀罗尼经》。卷首扉画前题有“天下都元帅吴越国王钱弘俶印《宝箧印经》八万四千卷，在塔内供养。显德三年丙辰（956年）岁记”。可见这是大规模的印刷活动，仅比953年完成的儒家经典书籍略晚3年。

钱弘俶于956年刻印的《宝箧印经》

1924年，杭州雷峰塔倒塌，在有孔的塔砖内再次发现《宝箧印经》。经卷有题记“天下兵马大元帅吴越国王造此经八万四千卷，舍入西关砖塔，永充供养。乙亥八月日记”，乙亥是宋太宗开宝八年（975年）。同时，在砖塔内还发现了塔图印本。塔图全长一米，每层画一塔，四塔连接，画有佛经故事。记文中有丙子记年，正好是宋太宗太平兴国元年（976年）。

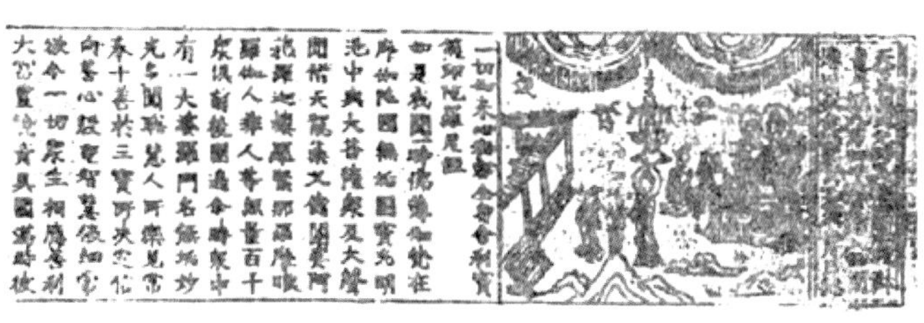

钱弘俶于975年刻印的《宝箧印经》

钱弘俶于965年刻印的《宝箧印经》

1971年，浙江绍兴城关镇出土了金涂塔1座，从塔内再次发现佛经1卷，经卷上题有“吴越国王敬造《宝箧印经》八万四千卷，永充供养。时乙丑岁记”，乙丑为宋太祖干德三年（965年）。这份经卷文字清晰、纸质洁白、印刷精美，非常珍贵。

延寿和尚的印经活动

吴越国的有名僧人延寿和尚，也印了大量的佛经。他很得吴越国王宠信，被赐号智觉禅师，先后主持灵阴寺、永明禅寺。他曾主持印刷过《弥陀经》《楞严经》《法华经》《观音经》《佛顶咒》《大悲咒》等佛经，还印有《发界心图》7万余本，有的印到了10万余本。他的印刷活动大约在938年至972年之间。

五代吴越印刷佛经的活动，促进了这一带印刷业的发展，造就了一批刻版、印刷能手。因而，在宋代，杭州成为了全国重要的印刷基地。

宝箧印塔：佛经中有《宝箧印经》，供奉《宝箧印经》的塔就是宝箧印塔。宝箧印塔历史悠久，最主要的是吴越王钱弘俶造的8.4万座塔，其大部分都是用合金铜制作的，所以后人称之为“金涂塔”，或者叫“小铜塔”。在出土的塔底部铸有“吴越王敬造阿育王塔”字样。

吴越王钱弘俶（929~988年）：吴越国末代国王，毕生崇信佛教，在位时以兴建寺院、佛塔著称。自后周显德二年（955年）开始，吴越王钱弘俶仿照阿育王，制成8.4万座小塔，为藏经之用。

赵宋雕版大兴盛 元代印刷有创新

960年，赵匡胤取代后周政权建立起了赵宋王朝（960~1279年），这300年间是我国科技文化迅猛发展的一个时期。尽管它缺少汉唐王朝的那种尊贵和霸气，但其丰富深厚的文化内涵所达到的高度却是史无前例的。国学大师陈寅恪曾这样评价道："华夏民族之文化，历数千年之演进，造极于赵宋之世。"这其中肇端于唐、发展于五代而兴盛于宋的雕版印刷术功不可没！据《世界图书》统计，我国从两汉至五代，共出过图书23000多部，27万多卷，而仅宋代出书就达11000多部，124000多卷，相当于宋以前历代出书总数的近一半。由此观之，宋代无愧是我国古代雕版印刷的黄金时代。

宋以后由蒙古贵族建立起来的短命的元朝，也采取了一系列的发展经济和文化的方针政策，社会对书籍的需求量不断增加，从而促进了印刷业的发展。元代刻印的新品种是各种戏曲本。据专家不完全估计，元代刻印书籍的总数应不低于3124种。在不到百年的时间里，刻印了这么多的书籍，也可谓是很可观了吧。

民间刻书不甘落后

宋代是中国雕版印刷史上的黄金时代。在五代奠定的基础上，政府继续刻印图书，不仅官方刻书取得了长足的发展，民间刻书也不甘落后。宋代的民间刻书，主要包括私宅刻书、书坊刻书以及寺院、道观等的刻书活动。其中，宋代的私宅刻书与书坊刻书为宋代出版事业的两大重要力量。

私刻本刻印精良

“私宅刻书”顾名思义，指由私家出资刻印的书，也叫“私刻本”“家刻本”或者“家塾本”。在印刷史上，私刻本有着优良的传统，他们的印书活动使得社会的书籍拥有量大大增加，有力地推动了印刷事业和社会文化的发展。

从事私家刻书的多为士大夫阶层或富户，还有一些官员和学者。这种私家刻书主要有三大特点：一是精选底本，二是精审细勘，三是名家写版。其种类有三大类：一是刻印自己祖上的著作、当地名人的著作或自己的著作，二是刻印自己珍藏的书籍，三是刻印本家族弟子的学习用书。

北宋时期的家刻本，流传至今的十分稀少，有记载的有宝元元年（1038年）临安进士孟琪所刻的《唐文粹》，庆历九年（1049年）京台岳氏所刻的《新雕诗品》，等等。到了南宋时期，私家刻书更为普遍，所流传的家刻本也较多。最典型的家刻本要数陆子遹所刻印的其父陆游的《渭南文集》50卷。该书刻印精良，书中“游”字独缺末笔，是一种避家讳的形式。宋咸淳年间廖莹中世彩堂刻印的《昌黎先生集》，字体清秀端雅，刻版一丝不苟，印刷墨色均匀，可称为家刻本中的上品之作。著名的家刻本还有周必大于南宋庆元二年（1196年）在江西吉安刻印的《欧阳文忠公集》。

宋代诸多文人墨客是刻印的“忠实粉丝”，例如南宋大理学家朱熹就是一位著作立身、热衷于刻书的人。朱熹非常重视刻书活动，而且亲自参与其中，有时甚至为筹划纸张、寻找书工及筹集资金等琐事而忙碌。他曾写过一首诗，题为《赠书工》：“平生久要毛锥子，岁晚相看两秃翁。却笑孟尝门下士，只能弹铗傲西风。”从朱熹的书信中可知，他主持刻印的书籍有“五经”、《中庸章句》、《近思录》、《小学》、《礼书》、《南轩集》、《韩文考异》等。

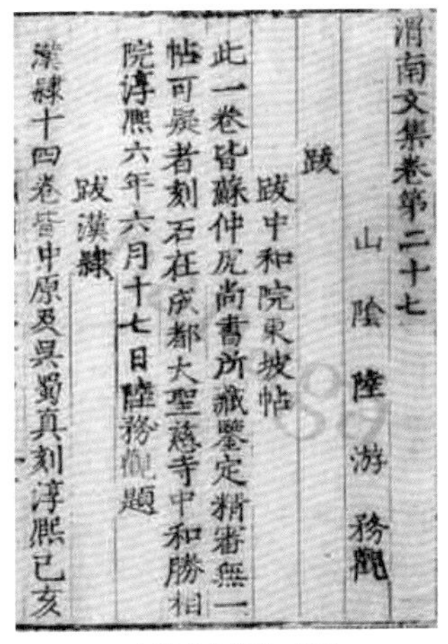
渭南文集卷第二十七
山陰陸游務觀
跋
跋中和院東坡帖
此一卷皆蘇仲虎尚書所藏鑒定精審無一帖可疑者刻石在成都大聖慈寺中和勝相院淳熙六年六月十七日陸務觀題
跋漢隸
漢隸十四卷皆中原及吳蜀真刻淳熙己亥

《渭南文集》书影

南宋的私家刻书完全继承了古代私人印书的优良传统。他们认真校勘，精益求精，以推广典籍的流布为己任，不求营利，只求馈赠于社会、服务于人民。

坊刻本物美价廉

书坊，又称书肆、书林、书铺、书堂、书棚、经籍铺等，是以刻印书籍为业的手工业式的印刷作坊。书坊起源于唐代中后期，到了宋代，由于政府的提倡以及民间对书籍的大量需求，从而刺激了民间印刷业的发展。

朱熹，中国理学大师，字元晦，后改仲晦，号晦庵，别号紫阳，祖籍徽州婺源（今属江西）。他是闽学派的代表人物，世称朱子，是孔孟之后最杰出的儒学大师。他生平著书极丰，据《四库全书》的著录统计，朱子现存著作共25种，600余卷，有《四书章句集注》《诗集传》《朱子语类》《文公家礼》《朱晦庵集》等。他是我国伟大的理学家、思想家、哲学家、教育家和诗人。

书坊刻书以售卖、获利为目标，所以坊刻的内容主要是民间日常阅读的书籍，私塾学童的启蒙读物，文人科考用的字书，经史子集以及戏曲、小说等实用、需求量大的书籍。在形式上则花样翻新，对经史典籍进行各种形式的加工。此外，书坊刻书一般都具有成本低、价格廉的特点，因而更易于为大众所接受，进而对文化的传播、知识的普及发挥了重大作用。宋代颇具盛名的书坊数量很多，下面着重介绍杭州、福建和四川的书坊。

质量上乘的杭州刻本

南宋之后，杭州成为了政治、文化中心，又是物产丰饶之地，因而十分有利于印刷业的发展。杭州约有20家书坊，刻书历来以精良著称，宋代藏书家叶梦得在《石林燕语》中说："天下印书以杭州为上，蜀本次之，福建最下。"

南宋时，临安府棚北睦亲坊南陈宅书籍铺是著名的书坊，其主人为陈起，字宗之，号芸居，浙江钱塘人。陈起不仅是一位印刷出版家，而且多才多艺，能诗善画。他为人豪放豁达，结交了不少怀才不遇的江湖诗人，并对他们表示同情。为此他编印了《江湖集》《南宋六十家名贤小集》，使当时许多无名诗人的作品得以流传下来。

陈氏刻书以唐宋名家诗集最为著名，主要有唐代的《杜审言诗集》《唐女郎鱼玄机诗集》《王建诗集》以及宋代的《棠湖诗稿》等20多种。作为文人，陈起和其他书商不同，他所刻印的书力求精工细刻，且字体清秀、纸墨精良，件件可称得上是书中精品。

行销四方的建阳刻本

福建是宋代印刷业比较发达的地方，所刻印的书简称为"建刻本"，主要集中在建阳县的麻沙、崇化两镇。福建书坊刻书的内容主要是经、史、子、集各类，还有一些民间日用书和启蒙书。南宋理学家朱熹曾说过，"建阳版本书籍，上自六经，下及训传，行四方者，无远不至"。由此可见建阳印书之多、行销之远，有的甚至远销到高丽、日本。

福建书坊中最有名的是"建安余氏"。余氏书坊从南宋开始，历经宋、元至明末，刻书绵延不断，长

退休干部李铮与他的《大宋书坊雕版印刷工艺流程图》

《大宋书坊图》局部

2009年12月14日，建阳七旬老人退休干部李铮耗时半年，最终完成了两幅长各9米余的巨幅国画《大宋书坊图》和《大宋书坊雕版印刷工艺流程图》。

《大宋书坊图》长980厘米，宽70厘米，规模宏大，结构严谨，画面从右往左大致分为三个部分：第一部分是书坊郊外图，第二部分是书坊街头情景，第三部分是朱熹讲学画面。李铮通过对书坊城内建筑、商贸、讲学、刻书、磨墨、印刷、运输几个方面的描绘，真实再现了南宋时期建阳书坊雕版印刷的繁华热闹景象。

《大宋书坊雕版印刷工艺流程图》长910厘米，宽70厘米，描述了雕版印刷工艺的具体操作过程。详实的雕版印刷过程一方面展现了雕版印刷的繁杂工序，另一方面也表现出了劳动人民的辛勤劳作。

《清明上河图》里描绘的“汴梁书坊”

达五六百年，这在印刷出版史上是极其少有的。余氏书坊中最有名的、刻印书籍数量最多的是余仁仲的万卷堂，它所刻的书有“九经”、《春秋公羊传》等。余氏书坊向来以严肃、认真而著称。岳飞的九世孙岳浚在《刊正九经三传沿革例》中，对当时的经书印本给予评价说：“世所传本，互有得失，难以取正，前辈谓兴国于氏本及建安余氏本为最善。”

建安书坊中另一家著名者为刘氏书坊，他们从南宋一直延续到清代乾隆年间，刻书历史长达600余年，是印刷出版史上的奇迹。建安刘氏刻印的书籍，最早而有年代可考的是宋宣和六年（1124年）刘麟所刻的《元氏长庆集》，流传至今的还有《汉书》《后汉书》《大易粹言》《礼记注疏》等。

历史悠久的蜀刻本

四川成都自唐末五代以来，印刷就很兴盛，是古代印刷业的发祥地之一，其中最有名的是政府在这里雕印的全部《大藏经》，也就是有名的《开宝藏》。

四川刻本以墨优纸佳、书写方正雍容、版式舒朗雅洁而驰名全国。成都一带的书坊以眉山地区最为集中，留存至今的眉山刻本约有30种，最著名的有“眉山七史”（宋、南齐、北齐、梁、陈、魏、周书），还有一批唐代著名文人骆宾王、李白、王维、孟浩然等的诗文集。从这些流传至今的刻本中，可以看出眉山刻本高超的刻印水平。

眉山刻本《李太白文集》为李白诗文集中传世最早的刻本，其字体端庄，有欧阳询之书风，刻版一丝不苟，为眉山刻本中之精品。眉山为“三苏”的故乡，苏洵的《嘉祐集》、苏辙的《栾城集》、苏轼的《苏文忠公文集》自然也少不了眉山刻本。

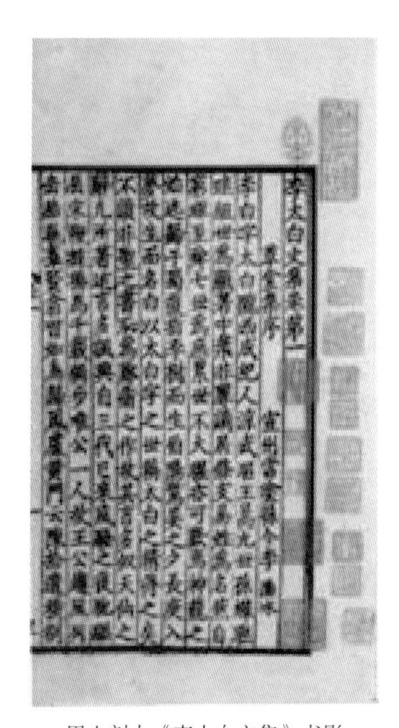
眉山刻本《李太白文集》书影

佛经印刷规模宏大

起源于古印度的佛教，西汉末年开始传入中国时，发展一直缓慢，直到隋唐后，由于统治者的大力提倡，才达到了鼎盛阶段。雕版印刷术的发明，为佛教经典的刻印和普及作出了不可磨灭的功绩。仅仅在宋代，政府就曾六次大规模地组织刻印《大藏经》。全国各大寺院也竞相效仿，最为著名的是福州的寺院曾采取化缘、募捐的形式，先后两次组织刻印《大藏经》。与两宋同时期，在北方和西北地区的辽、金和西夏，也都积极地吸收汉族文化，仿效宋代倡导佛教，组织刻印各种版本的《大藏经》。

《开宝遗珍》（开宝藏原版影印，配带开宝遗珍木箱）

开先河，《开宝藏》的刻印

北宋初，宋太祖为了收揽人心，下令停止后周废毁佛寺的过激做法，开始重视佛教。由政府组织的第一项最大的印刷工程就是刻印《大藏经》。开宝四年（971年），朝廷派遣品位很高的张从信等人前往益州（今四川成都），监刻第一部官刻《大藏经》，直到太平兴国八年（983年）才全部告成，共刻版13万块，收载佛经1076部。这就是我国雕版印刷史上第一部佛经总集——《开宝藏》（也称《豫藏》，又称《蜀藏》）。这部经以卷轴装形式出版，共5048卷，分装成480帙。这次究竟印了多少部，目前尚无史料可知，但估计印数不会少。这次大规模的印刷工程，开创了刻印大部头书籍的先河，也显示了宋初强大的印刷实力。

在这之后，宋代曾六次刻印《大藏经》，而且规模都超过了《开宝藏》的印刷。同年，经版被送至开封，宋太宗在开封成立了专门的印经机构——“印经院”，并制定规模，这比唐代印经更加完备。

在这次印经之后，宋政府可能为了节省国库财政开支，于宋神宗熙宁四年（1071年）把《大藏经》雕版，交给寺院经管印行，国内各处庙宇都可以自备纸墨，向它借用经版自行印刷。从此，印经无需再奏请皇上批准，而成为民间的一种化缘活动了。

季羡林为祝贺开宝藏影印出版所题的字

集民资，《毗卢藏》的刻印

自从刻印《蜀藏》之后，全国各大寺院也竞相效仿，最为著名的是福州在北宋时曾两次组织刻印《大藏经》。

当时的福州，刻书业盛极一时。这里人力、物力丰盛，教育事业发达，各乡里都有“书社”（学校），学生多者数百人，少者几十人，有的已四五十岁了还去上学，真是一派“学校未尝虚里巷，城里人家半读书”的景象！这也就促进了该地区刻书业的发展，而这里的老百姓过去在闽国和吴越国的统治下特别崇信佛教，为了宣扬佛法，善男信女们就千方百计地募捐刻印佛经，从1080年到1103年，历时23年，终

坐落在福州城内经院巷的开元寺，始建于梁太清二年（548年），是福州现存最古老的佛寺。初建时名大云寺，唐开元二十六年（738年）改名开元。寺门口的开元寺牌匾，据说是1000多年前的唐代大书法家欧阳询所书。

于由福州东禅寺募款刻印成了《福州东禅寺大藏经》，简称《福藏》。此经共6430多卷，580函，用经折装，字体端正，刻印精良。今天故宫、北京图书馆、上海图书馆都存有零散卷本。这部藏经是我国民间集资募刻的第一部大藏经，也为民间刻经开了先例。

《福藏》刻成之后不到10年，福州城内的开元寺也采取化缘募捐的形式，于1113年开始组织雕刻《大藏经》，直到1172年才完成，历时近60年，共刻经6170卷，567函，用经折装，世称《毗卢大藏经》，或称《毗卢藏》。

赵朴初(1907～2000年)行书，尺寸68×22.5平方厘米。静安居士指陶大壮先生，此件为陶大壮先生后人直接提供，有陶大壮藏佛遗教经为辅。

辽、金和西夏，《大藏经》的刻印

与两宋同时期的，还有北方和西北地区几个少数民族建立起来的政权，它们是由契丹贵族建立的辽国、由党项族建立的西夏国和由女真族建立的金国。这些政权都积极地吸收汉族文化，仿效宋代倡导佛教，组织刻印各种版本的《大藏经》。

辽建国后，创造了以汉文为基础的契丹文字，并逐渐掌握了雕版印刷技术，开始自己刻印书籍。辽国的出版中心在南京，或称燕京，燕京设有印经院，11世纪刻印的汉文大藏经——《契丹藏》（也称《辽藏》），就是根据宋代的《开宝藏》翻刻的汉文本，它有大、小两种字体版本。大字本共5000多卷，是卷轴本，卷首还有精美的扉画佛像；小字本，纸薄字密，刻镂精巧，史称“似借神巧而就”。

《契丹藏》出版后，政府曾赠送给高丽王室几部，国内各寺庙也有收藏，不过小字本迄今尚未发现，今天留存的只有大字本残卷，是1974年在山西应县佛宫寺释迦塔中发现的。在这次发现的辽代刻印的佛经中，有汉文《契丹藏》12卷，但大多是残卷。

需要指出的是，我国雕版刻印大藏经，自北宋以来历代各朝或多或少都有传世之本，唯独《契丹藏》未见流传，多年以来，国内外学者深以为憾。这次《契丹藏》的发现，填补了我国印刷史上的空白。《契丹藏》的雕印，大约始于辽圣宗统和年间（983~1011年），完成于辽兴宗重熙年间（1032~1054年），仅晚于《开宝藏》而早于国内其他木刻大藏经。

金的刻书中心有燕京（今北京）、汴京（今河南开封）、山西平阳府（今临汾市）、河北宁晋等地。金代刻书中有书名可考的约有100种，其中最有名、工程最大的是佛教经典《金藏》和道教经典《道藏》。

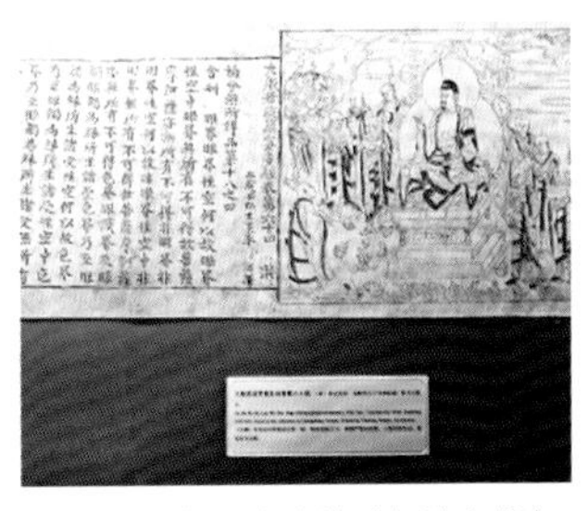

存放在国家图书馆的《赵城金藏》

《金藏》原藏于山西赵城县广胜寺内，所以又叫《赵城金藏》。它大约于1148年开始雕版，至1173年刻成，1178年出版，前后历时30年，刻印地就在山西解州（今运城县）。据说首先发起刻这部藏经的是一位名叫崔法珍的女子。她苦心学佛，把胳臂断下来募集刻经的款项，感动了许多包括汉人、女真人、蒙古人在内的善男信女，他们纷纷捐献钱财、物品、牲口，有的甚至不惜破产而应募捐资。劝募地区遍及山西南部和陕西西部各州县，而后由解州天宁寺开雕大藏经版会主持开雕，所以这部藏经是由民间发起，依

中国国家图书馆“四大镇馆之宝”之一《赵城金藏》

《大金玄都宝藏》里《云笈七签》残页书影

靠广大信徒集资刻印而成的。这部藏经汇集了金代以前在中国流行的各种佛教的经论和著述，原书可能有7000多卷，至1934年发现时，只剩下4900多卷了。

1942年日本侵略者企图劫走这部佛经，中共赵城县委得知这一消息后，立即采取保护措施。当时还不知佛经藏在何处，经派人查访，才得知藏在广胜寺飞虹塔的二层上。在力空和尚的配合下，广胜寺附近村庄的抗日村干部，动员了一些身强力壮的抗日群众，以"运公粮"为名，在游击队和八路军战士的掩护下，用箩筐担挑连夜将佛经抢运到了太岳军区。为了保全这部《金藏》，有几位战士甚至献出了宝贵的生命。中华人民共和国成立后，这部佛经已移交给北京图书馆收藏。

这部佛经是我国仅存的一部珍贵的孤本佛经，它的原刻版式除千字文编次略有更动外，基本上是《开宝藏》的复刻本，也是卷轴式装帧。它保留了《开宝藏》蜀本的许多特点，在《开宝藏》和它的另一复刻本——《高丽藏》初刻印本都失散的情况下，它保存了数千卷《开宝藏》蜀本的面貌，无论在版本和校勘方面都具有较高的价值。

西夏与辽、金一样崇尚佛教，曾多次用马匹向宋朝换取佛经，并翻译成西夏文《大藏》，共3579卷。后来在元朝时，西夏又对这部《大藏》作了校勘和增补，并于1293年到1302年在杭州万寿寺重新雕印出版。全藏已增加到3620卷，共印了140多部，赠送给以前西夏境内各寺院100多部，现仅存数十种。

《中华道藏》宣纸线装版本，共60函，定价20万

宋与金，两《道藏》的刻印

道教，是发源于古代本土中国春秋战国的方仙家，主要宗旨是追求长生不死、得道成仙、济世救人。战国时代道家即为诸子百家之一，直到汉朝后期才有教团产生，至南北朝时道教的宗教形式逐渐完善。唐代尊封老子，为了美化唐皇室，说老子（太上老君）是唐室先祖。

道教开创之初，经书并不多。魏晋以后，随着道教的倡行，道书日滋。唐开元年间，玄宗诏令发使搜访道经，亲加寻阅，列其书为“藏”，目曰《三洞琼纲》，计3744卷。天宝七年（748年），玄宗诏令传写，以广流布，名《开元道藏》。唐安史之乱时，两京所藏道书多遭焚毁，以后诸帝又陆续派人搜寻整理，至大历年间，又及7000卷。

宋朝开国后，也大力搜集道书及编纂道藏。宋太宗曾求得道经7000余卷，命散骑常侍徐铉、知制诰王禹偁校正，删去重复，得3737卷。北宋大中祥符（1008~1016年）初年，真宗诏令道士修校，命宰臣王钦若总领，在徐、王校订的基础上加以增补，共得4359卷，较徐铉等所校订的道藏增加622卷，并撰成篇目上进，赐名《宝文统录》。后张君房遵命再次主持校修，依三洞纲条、四部录略，品详科格、商较异同，以铨次之成藏，共4565卷，466函，题曰《大宋天宫宝藏》。

北宋崇宁（1102~1106年）年间，徽宗诏令

《中华道藏》（线装版）的编纂工作于2007年启动，至2010年8月前竣工，共印行200套，颁赠给了国内、港澳台地区及国外著名宫观、图书馆、大学和相关研究机构收藏，并赠送给国内其他全国性宗教团体一部分。国家宗教局局长王作安指出，编订出版《中华道藏》是继明代编纂《道藏》400余年后，对道教经书的重新结集和系统整理，是中国道教史、文化史上的一件大事，无论对于弘扬优秀的传统文化，还是对于促进新时期道教的发展，都具有重要意义和深远影响。

搜访天下道教遗书，就书艺局令道士校订。至大观（1107~1110年）年间，增至5387卷。政和（1111~1118年）中刊藏典，又两诏郡国搜访道门遗书，所获甚夥，乃设经局，敕道士元妙宗、王道坚详加校订，送龙图阁直学士中大夫福州郡守黄裳役工镂版。事毕，进经版于东京（今河南开封），共540函，5481卷，因刻于政和年间的万寿观，故名曰《政和万寿道藏》。道书雕版，始于五代，而全藏刊版，则始于此。后来元灭宋时，把道教经书全部焚毁，所以现已失传了。

《政和万寿道藏》经版，历经靖康之乱，至金时已残缺不全。金大定四年（1164年），世宗诏以南京（即宋东京，今河南开封）道藏经版付中都十方大天长观（旧址在今北京白云观西）。金明昌元年（1190年），提点冲和大师孙明道奉诏，花几年时间，先是派人到处搜访道经，而后又对北宋刻印的已经残缺的《政和万寿道藏》进行了增补，共得6455卷，题曰《大金玄都宝藏》。它是最完备的道藏经，其内容之丰富、工程之浩大，可与《金藏》媲美。但可惜这部搜罗广泛的道藏经版，在1202年一场大火中被付之一炬了。

北京白云观，道教全真派十方大丛林制宫观之一。始建于唐，名“天长观”。金世宗时，大加扩建，更名为“十方大天长观”，是当时北方道教的最大丛林，藏有《大金玄都宝藏》。金末毁于火灾，后又重建为太极殿。丘处机赴雪山应成吉思汗聘，回京后居太极宫，元太祖因其道号长春子，诏改太极殿为“长春宫”。及丘处机羽化，弟子尹志平等在长春宫东侧构建下院，即今“白云观”，并于观中构筑处顺堂，安放丘处机灵柩。丘处机被奉为全真龙门派祖师，白云观以此称龙门派祖庭。今存观宇系清康熙四十五年（1706年）重修，有彩绘牌楼、山门、灵官殿、玉皇殿、老律堂、邱祖殿和三清四御殿等。新中国成立后，中国道教协会、中国道教学院和中国道教文化研究所等全国性的道教组织、院校和研究机构先后设在这里。白云观也是“文革”中北京很少没被破坏的寺庙之一。

北京白云观

纸币印刷技术一流

在中国古代，流行最广的印刷物并非书籍而是纸币。纸币是社会商品经济发展到一定程度的产物，更是我国人民在世界货币史上的一项重大发明，它的应用对世界经济发展有着重大影响。如今我们司空见惯的纸币，也有着一段辉煌灿烂的历史，纸币的诞生是北宋成熟的经济条件、物质条件和技术条件共同作用的结果。

纸币的发行小史

谈及纸币的产生，北宋的张咏（946~1015年）是位关键人物，他是北宋太宗、真宗两朝名臣，被誉为“纸币之父”。他在担任益州（今四川成都）知州时发明了世界上最早的纸币——交子。在中国发行“交子”600年后，英格兰银行才开始印制英镑纸币。为了纪念世界经济史上这一重要事件，在英国伦敦英格兰银行中央的一个天井里，种着一棵在英国很少见的中国桑树，因为制造“交子”所用纸张的主要原料就是桑树叶。

纸币产生以前，铁钱是中国古代流通最广泛的货币。然而，在经济日益繁荣、以纸代钱日益普遍的情况下，纸币终于在经济发达、造纸印刷比较先进的四川产生了。北宋时期的四川，可以算得上是当时的金融特区，铁钱大行其道。然而宋初币制混乱，四川用的铁钱体大值小，交易不便，大铁钱每千文重12.5千克，中者千钱6.5千克，一匹罗卖两万钱就要用车载。就是在这样的情况下，智慧的四川人民化铁为纸，发明了交子。最初，交子由私商零散发行，形制不统一，后由益州16家富商联合发行，每年向政府交纳一定费用。它以铁钱作为准备金，称为“钞本”。这种交子形制统一，面额依领用人所交现款临时填写，不限多少，兑现时，每贯收手续费30文，即付3%的保管费。

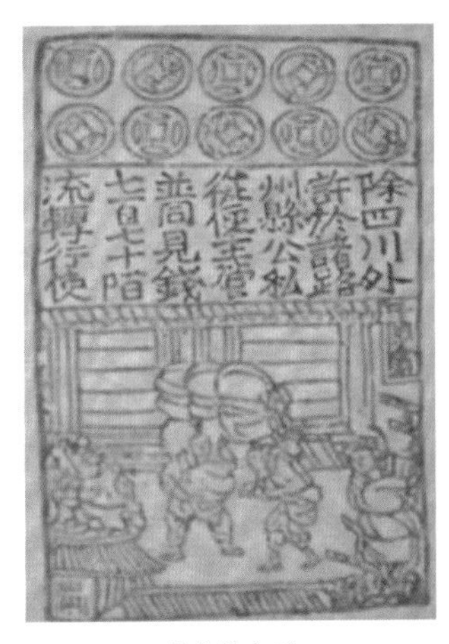

北宋的交子

与雕版印刷书籍不同，交子用钢版印刷，版画图案精美，三色套印，上有密码、图案、图章等印记，图案一般都是“屋木人物”。但是毕竟不是官方发行，所以后来常常因发行人破产而不能兑现，争讼不息，政府遂禁止私人发行，改为官办。真正意义上的纸币，严格来说应该是宋仁宗天圣元年（1023年）由官府主持印刷并发行的“官交子”。

南宋的会子——“行在会子库”青铜版

宋代纸币名称的流变

宋代在交子之后，到徽宗崇宁、大观年间又发行了一种叫作钱引的纸币代替交子，而且把发行地区扩大到了四川以外的全国各地。从此，纸币成为了法定通货。到宋高宗绍兴三十年（1160年），又发行了一种叫作会子的纸币，也通行全国。其中，流通时间最长的是交子，发行量最大的是会子。交子、钞引和小钞发行于北宋，关子、公据和会子发行于南宋。

北宋初社会状况相对稳定，政府发行的交子不超过准备金，所以币值稳定。可是只发行于北宋末南宋初的钱引以及只发行于南宋的会子，面对的情况就截然不同了。北宋末年战争频发，封建政府无法有效地控制纸币的发行量，在面对巨额军费开支及战败赔款的情形下，政府更加不能约束自己的行为，于是便利用手中的权力，滥用公信力，无限制地发行纸币，最终造成通货膨胀，从而使纸币丧失了信用，也就变成了废纸。北宋交子的命运也证明了这一点。

此后，纸币的分界发行慢慢地成为了“通货膨胀”的障眼法，因为每界发行新纸币，往往规定新币值与旧钞一比几，比如元符年间（1098~1100年）换发时，新交子1缗（mín，古代穿铜钱用的绳子，后指计量单位）要换回旧交子5缗，即新旧比价为1：5。

政府滥用信用，从而导致交子成为其敛财的工具，交子没有了信用，也就丧失了流通的功能，从而失去了其自身存在的价值。于是，封建政府使用更改纸币名称的办法来掠夺民间财富。徽宗崇宁四年（1105年），“令诸路更用钱引”，把纸币定名为“钱引”，名称虽变，但其实质为敛财工具没变，甚至变本加厉了。大观元年（1107年），交子务改为钱引务，这年的发行数“较天圣一界逾二十倍，而价愈损”，也就是说发行量由120万缗增加到2000多万缗，而且没有准备金，“不蓄本钱而增造无艺，至引一缗当钱十数”。可见，价值一千钱的缗只能当十多个钱，纸币贬值是多么严重！

纸币的防伪政策及工艺

纸币的形制，从宋到清都是长方形的，面值大的（大钞）尺寸便大些，面值小的（小钞）尺寸便小些。北宋朝廷为了保证交子发行的成功，出台了一套比较完善的管理法规和政策，其内容大致有五个方面。

第一，交子的流通期限一般以两年到三年为一界，称为“兑界”，期满后必须兑换为下一界交子方可使用。创立“兑界”的原因可能是当时交子是楮纸所制，容易出现破损和伪造品。

第二，每界的发行总量限定在1256340缗，其面额通常为一贯、五贯、十贯等。

第三，每印发一界交子，必须备有一定的准备金，以保证纸币能得到自由兑换。

第四，禁止私人印刷交子，不仅私自印制交子的人要获刑罚，甚至连知情而使用者以及知情不告者都要牵连入狱。

第五，限定流通区域，开始时，“交子”主要限定在四川地区，后来扩大到陕西和京西等地。

易邵白展示祖传的“交子”印版

2012年6月9日是我国第7个文化遗产日，湘乡收藏家易邵白展示了他家珍藏了100多年的“北宋铜质交子印版”。据易邵白考证，北宋“交子”因难以保存，现已见不到实物，而交子印版目前全球仅存世三块：一块由日本一博物馆珍藏，一块为北京宁志超先生收藏，而易家祖传的这块，是其曾任湘军文官的祖父易蔚卿于清同光年间在甘肃觅得的。1934年萧子升回乡时，还曾到易家鉴定过印版真伪。

这块铜质的印版为长方形，长16厘米，宽9.1厘米。印版正面图案分为三栏：上面一栏是10个制钱图样，中间刻着“除四川外许于诸路州县公私从便主管并同见钱七百七十陌流转行使”29个字，下半部刻有房屋、人物和成袋的包装物等图形。

根据印版中“同见钱七百七十陌流转行使”的文字，易邵白推断印版的使用年代应当为宋朝初中期。因为据《宋史》记载，宋太宗时，官方正式规定公私出入，一律都以七百七十文为一贯、七十七文为一陌。历史上只在这一段时期使用这样的币制换算标准。而“除四川外”这样很明确的规定，说明此交子不能在四川流通，因为四川有自己的发行机构“益州交子务”。

在早期，封建政府对于纸币的发行是比较谨慎的，纸币监管法律政策的出台也说明政府对纸币依赖信用的特性以及易于仿造和滥发的弱点是有充分认识的，这套金融监管体系和措施应当说在一定时期内保证了交子的顺利流通。

此外，政府为了防止伪造，票面上除了配印有精美复杂的图案（钱币图案和装饰性花纹）外，还有文字（币值名称和法令），并加盖有一些不同颜色的印记。一枚纸币，也可以说是一张版画，一件精巧的艺术品。

纸币发展到今天，其印刷工艺愈加精益求精，不仅要美观还需要具备防伪功能。纸币已成为了当代科技与艺术结合的典范，它上面印刷的图案和文字也承载了很多美学价值和历史意义。

2007年4月1日，新中国第二套人民币中的纸分币退出流通市场，那版主色为墨绿色，浅翠绿色相间的伍分纸币也在其中。而鲜为人知的是，该版纸币正面图案记载着一则惊心动魄的故事：1949年9月28日凌晨，国民党招商局的“海辽”号客货轮拉响了起义的汽笛，正开足马力向着已经解放的大连港全速前进！这款1953年版的纸分币作为商品流通的凭证，曾在亿万中国人的手中流转，虽然它已完成了历史使命，然而“海辽”轮在新中国诞生的前夜高举义旗的果敢行动，却成为永久的红色记忆留在了青史上。

第二套人民币伍分纸币图案上的海辽轮

版画印刷成就空前

> 中国的版画印刷历史悠久，现存最早的版画印刷品可以追溯到唐代，它是为佛经镌刻的扉页画。在唐代，版画印刷主要应用于佛经宣传，到了后期，伴随着雕版印刷术的发展，版画印刷也在不断发展。它不再仅仅局限于经卷扉画，还应用到文学书籍的插画中，甚至发展到画谱丛书。总而言之，中国的版画印刷取得了辉煌的成就。

初发展，佛教版画

佛教版画——众多版画题材中的一种，可以说它见证了中国版画印刷的发展历程，在每一个发展阶段我们都可以看到它的身影。在唐代出现的中国现存最早的版画就是佛经卷首的扉页画，这一时期的版画印刷主要是为了佛经的宣传。

到了两宋时期，佛教版画印刷又有了新的发展。一方面，它与日益成熟的山水画相融合，随大流，引入了世俗化的生活情节。佛教经卷中出现了大量的山水景物，甚至于在后来的《御制秘藏诠》中，版画以山水为主，僧众反倒成了点缀，大有本末倒置之嫌，不知道的还以为是在欣赏一幅山水版画呢！另一方面，版画印刷题材也演变得十分丰富多样，其中大藏经、单刻佛典及独幅雕版佛画最具

《御制秘藏诠山水图》（局部）

代表性。大藏经创下了最早刊印的记录；单刻佛典是宋代佛教版画印刷技术的集大成者，著名的《妙法莲华经》就属于此，其场面恢弘、人物生动，展现出了极高的版画印刷技术水平；独幅佛教版画则是为了方便僧人信徒随身携带。从后两者可看出宋代版画印刷技术的日趋成熟。

元代是佛教版画印刷发展的过渡时期。到了明代，佛教版画印刷进入鼎盛阶段——题材丰富、数量众多、雕刻精湛，像《天神灵鬼像册》《出相金刚般若波罗密经》等都是其中的佳作。清代时，佛教版画印刷则由盛转衰，它作为木版印刷的产物走到了历史的尽头，被其他的版画印刷取而代之。

渐繁荣，书籍版画

到了两宋，版画兴盛，题材也变得丰富多样。大量描写世俗生活的“市民文学”产生，加之资本经济和商业的发展，人们开始用雕版印刷制作、贩卖书籍，文学书籍中的插图也使用雕版印刷，大大扩展了版画的使用范围，使它不再仅仅应用于经卷扉画当中。除了文学作品之外，儒家经典、科技知识、医学、农业、历史等类书中都有插画，这其中作为“教科书”的儒家经典开始使用版画印刷，无疑是对它的一种承认。当然，有插图也可方便教学，比如学习礼仪时，看着配图了解冠冕、服饰、器具等，绝对比单看文字描述来得更加形象生动。南宋的《耕织图》就十分著名，原图现今并不存在，但后世有各种摹本。它充分展现了中国男耕女织的小农社会面貌， 甚至可以说是一部“农书”，它所描绘的农业生产的图像，为人们研究当时的农业留下了难能可贵的资料。千万不要小瞧它对后世的巨大影响，在中国，有一处著名景点可以佐证它的影响力。相信大家对颐和园都不陌生，但肯定不了解颐和园中名为“耕织图”的景区就是由《耕织图》这幅画而来的。在清代，乾隆皇帝认为园中这处风景十分具有田园风光特色，因此将其命名为“耕织图”，他甚至命人在此处还原《耕织图》中的优美景色，真正做到虚幻艺术与现实的融合。

《耕织图》

《兄妹迯军》

金陵派版画的创作力量雄厚，作品很多。富春堂刊本《分金记》《玉钗记》，继志斋刊本《双鱼记》《题红记》，环翠堂刊本《义烈记》《天书记》等戏曲剧本插图，以及世德堂刊本《拜月亭记》插图，都是金陵派版画具有代表性的作品。其中《拜月亭记》中的《兄妹迯（逃）军》一图，刀法轻盈，线条流畅，且富抒情趣味，而其他作品则或华滋清新，或浑厚拙朴……显示出了金陵派版画的风格多样化。

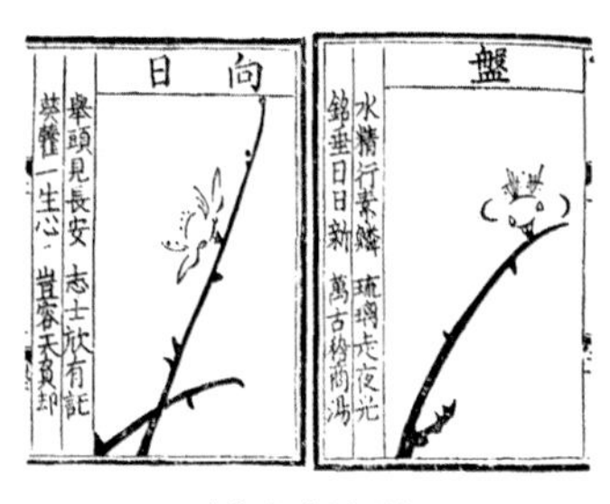

《梅花喜神谱》

明清时期，文学名著的刻本插图影响尤为深远，成为了文学书籍中不可或缺的一部分，甚至产生了不同的流派，如建安派、武林派、金陵派、徽州派等，他们各自在雕刻印刷及内容上有不同的侧重点。

达鼎盛，画谱版画

中国版画印刷在经历了经卷扉画、文学书籍中的插图之后，画谱也应运而生。宋代著名画家宋伯仁的《梅花喜神谱》就是我国历史上第一部画谱。它属于专题性画谱，关于它的来历，还有一段轶事。据说宋伯仁“爱梅成痴”，为了更好地观察梅花以便画梅，他甚至身体力行地在自己家种植梅花。每到寒冬腊月、冰天雪地、梅花盛开之时，他就每天从早到晚在梅花树下细细观察，力图描绘出梅花的每一种形态，含苞、乍绽、怒放、枯萎，都不放过。最终，他将自己描绘的这些梅花整理成100幅图稿，定名为《梅花谱》。后人为了纪念他的“爱梅成痴”，加上他将梅花描绘得如此“喜神”，于是将《梅花谱》称作《梅花喜神谱》。谱中共画了100幅姿态各异的梅花，每一幅都配有题名与五言诗，雕刻也十分精妙。

直至明清时期，中国版画印刷进入鼎盛阶段，题材更加广泛，不仅有宗教版画，还有欣赏性的版画，小说、戏剧、诗词、画谱等优秀作品如泉涌而出，不胜枚举。但可惜的是，到了清朝后期，随着近代印刷术的引入，传统的雕版印刷术受到冷遇，由其衍生而出的版画印刷也逐渐走向没落。

探花蜡印恩恩怨怨

蜡印小介

蜡印，顾名思义，就是和蜡相关的技术，它是雕版技术的一个变种。雕版印刷需要大量的时间、人力和物力，对于时间性较强、数量不多的文字材料的复制，因为时不我待，用手抄难以及时供应，于是广大劳动人民在雕版印刷术的基础上集思广益，发明了快速制版印刷的蜡印方法。我国蜡印方法的出现，比爱迪生发明誊写油印的年份（1872~1876年）至少要早800年，这是我国古代劳动人民在印刷技术领域的创造性贡献。

雕版印刷术的发明，大大提高了大量复制文字、印刷书籍的速度。但是对于那些数量较少而时效性又很强的文字材料，如果采用雕版印刷就不太合适了。正所谓“杀鸡焉用牛刀”，于是适应时代需要的“蜡印”就产生了。

蜡版的制法

既然说蜡印相较于雕版印刷简单，那么它具体是如何操作的呢？

蜡版的制法与雕版印刷有异曲同工之妙。首先将蜂蜡与松香的混合物加热熔化，然后将液化物在木板上薄薄地涂敷一层，称之为“蜡膜”，最后一步便是刻字，但是是按需刻字，有印刷订单时，就在蜡膜上用刀刻字，然后再施墨印刷就行了。由于蜡版的刊刻面为蜡与松脂的混合物，容易刊刻，如刊刻错误或版面需要更正，则可由刻工将这一部分的蜡面刻去，再用蜡浇平后继续刊刻，或用另一块涂有蜡层的木板代替。所以，这种蜡版成本很低、速度很快，十分适宜那些需要抢时间的快报性质的

现代贵州蜡印画

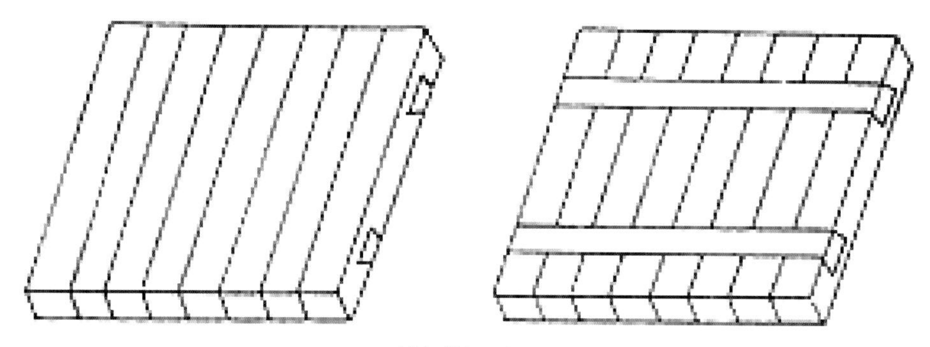

可分解蜡版示意图

印刷物。

蜡印的应用

蜡版印刷出现于北宋，在清代应用频繁，达到昌盛。数百年间它主要应用于印刷一些需要尽快刊刻发表的消息，如急于传报公布的新科状元名单、新闻、邸报等 。在清道光（1821~1850年）初年，广东省衙门曾用蜡版印刷的方法每天印行“辕门钞”，也就是省政府公报。

蜡印的优缺点

蜡印这种方法的优点是“快”“省”，前文所提到的“辕门钞”，一次就能印400到500份。

由于那时候还没有合适的油墨，蜡质不易粘附水墨，因而容易出现印刷字迹缺损偏旁的现象。而且蜡印技术长期以来只被人们作为应急之用，始终没有受到足够的重视，所以印刷技艺和质量一直没有得到改进。到19世纪时，蜡印技术距发明已有700年历史了，但仍保持着它的童真模样，这不能不算是中国印刷史上的一件憾事。

一场蜡印引发的“血案”

据《春渚纪闻》记载，宋哲宗赵煦绍圣元年（1094年）科举，状元叫毕渐，榜眼叫赵谂。金殿唱名后，传报官急着传报，就用蜡版刻印。可是蜡质难以粘墨，“渐”字三点水旁没有着墨，导致传报官传报时念成了“状元毕斩，第二名赵谂”。听起来好像“斩第二名赵谂”，听到的人都觉得不吉利。后来，赵谂因为谋逆罪被杀，应了那句“斩赵谂”矣。

上面这个故事虽然近于荒唐，但一方面反映了蜡印传播消息的及时性，另一方面也反映了蜡印技术上存在的缺陷。

传报者根据报单大声喊说“状元毕斩，第二名赵谂”

千金难换回宋版书

如果让你用一千金币换一本书你会愿意吗？也许你会觉得不可思议：哪会有人蠢到用一千金币只换一本书！通常来说的确没有，但如果那本书是宋版书中的珍奇版本，那么仅需一千金币可就太值了！

宋版书，即宋代出版印刷的书，被誉为世界上最昂贵的书籍。“一页宋版，一两黄金”这句流布坊间的老话，在相当大的程度上可以证明“千金难换回宋版书”绝非一句不实的夸大之言。那么这种既非金雕亦非金刻的印刷品何以值得如此惊人的高价呢？此节我们将为你揭秘宋版书的“前世今生”。

《玄都宝藏·云芨七笺》（源自《北京商报》）

一页宋版书，黄金十六两

2000年，中国书店推出周必大刻印的宋版书，最终被一家博物馆以45万元购得。2003年，一套宋版书《锦绣万花谷》40册齐全，创造了宋版书拍卖2310万元的天价。同年7月13日，在北京中国书店古籍春拍场上，一页南宋淳佑四年（1244年）蒙古刻的《玄都宝藏·云芨七笺》，面积还没有洗脸毛巾大，用白皮纸精印，卷端号序清晰可辨，版框完整无缺，字迹古朴端雅，墨色凝厚喜人，最后竟以49500元成交。按当时的黄金价格，大约是16两黄金。这还便宜了，到2008年它至少价值40万元。

“黄金书”的背后

宋版书被世人抬至如此天价自有其独特而又为人珍视的地方。

很多人收藏宋版书，是将其视为一件艺术品来对待的。宋版书一般采用欧体、颜体、柳体印刷，

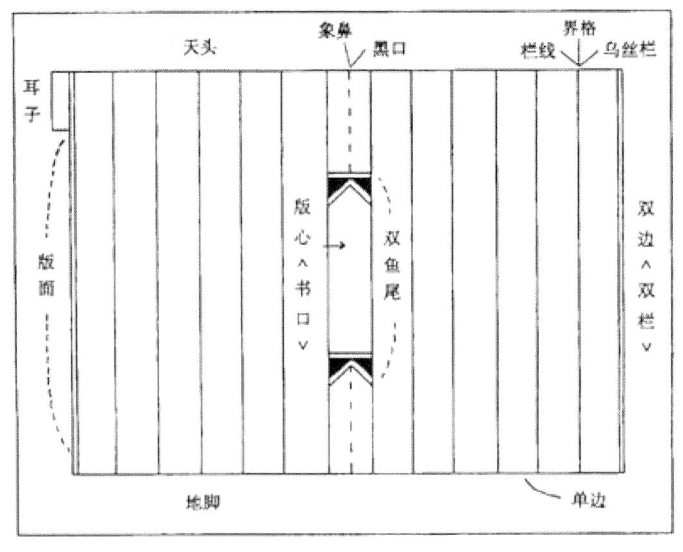

宋版书格式（源自《人民日报海外版》）

底稿精美、刻工高超，印刷成品往往值得把玩。其纸墨选材也十分讲究，可谓墨香纸润。此外，在版式的编排与行距配合上安排合理，疏朗有致。这些都让宋版书的身价倍增。

宋版书流传至今被称为“黄金之书”更在于它的稀有性。宋版书在经历了漫长的风雨飘摇的历程后，得以流传至今的可谓是少之又少，甚至可以称得上是稀世珍宝。经济学上一个物品的价格往往取决于供求关系，如此珍贵稀有的宋版书不断走俏，价格攀升自然也理所应当。宋代末年战乱不断、政权更迭频繁，从而导致宋版书散失严重；近代以来，盗卖宋版书屡禁不止，致使很多流失海外，其中以溥仪指使弟弟溥杰通过天津租界变卖故宫天禄琳琅乾隆印章本给外国人最为严重；加之以八国联军为代表的侵略者不仅烧毁了大量古典文籍，还放肆掠夺宋版书至国外。综上所述，能传世于今的宋版书数量非常有限。我们现如今能见到的有限的宋

天禄琳琅是“乾隆五玺”——“乾隆御览之宝”“五福五代堂宝”“八征耄念之宝”“太上皇帝之宝”“天禄琳琅”之一，而天禄琳琅乾隆印章本是乾隆藏书中的精品，甚至可以代表清代皇室典藏珍籍。19世纪20年代，溥仪为了清王朝的复辟筹备资金，通过其弟溥杰将大量的“天禄琳琅”卖给外国人，使宋版书经历了一次大的浩劫。

版书大都还集中在图书馆中，市面上流通的更是少之又少。

明清两代很多学者、专家致力于收藏宋版书，他们对宋版书的狂热甚至达到了顶礼膜拜的程度，丝毫不亚于我们今天的追星族。明末著名藏书家、出版家、文学家毛晋曾在家门口张贴公告：“有以宋椠（qiàn）本至者，门内主人计页酬钱，每页出二百；有以旧抄本至者，每页出四十；有以时下善本至者，别家出一千，主人出一千二百。”难怪当时有人戏称“三百六十行生意，不如卖书于毛氏”。宋版书的价值可见一斑。

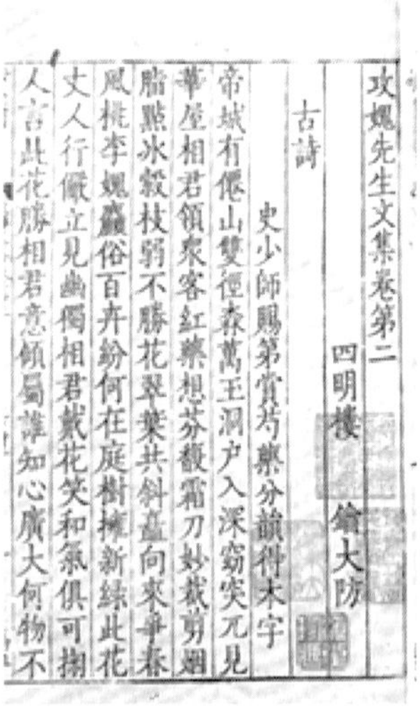
攻媿先生文集卷第二　四明樓鑰大防
古詩
史少師賜第賞芍藥分韻得木字
帝城有僊山雙徑森萬玉洞户入深窈突兀見
華屋相君領衆客紅藥想芬馥霜刀妙裁剪翻
臙脂水穀枝弱不勝花翠葉共斜矗向來爭春
風桃李嫵嬴俗百卉紛何在庭樹擁新綠此花
丈人行儼立見幽獨相君戴花笑和氣俱可掬
人言此花勝相君意傾局諱知心廣大何物不

宋刻本《攻媿先生文集》（源自《北京大学学报》）

宋版书价几何

宋版书在褪去其“一页宋版，一两黄金”的光环后，体现出的人文价值也同样值得我们深思。

一方面，宋版书所保留的诸多著作可能是最接近原本的。通过宋刻本可以尽可能地了解书的原貌，这对我们了解古代社会的传统文化风俗和进行学术研究是有重大意义的。另一方面，如前所说，宋版书在字体、版式、用纸尤其是校勘上极为注重，印刷错误较少，提高了著作的真实性，丰富了古典文库，为我们研究目录学、版本学、校勘学等学科提供了宝贵的资料。同时，宋版书在制作过程中所体现出的高水平技艺，也为后代刻书、印书提供了典范。

此外，宋代在我国印刷术的发展历程中起着重要作用，宋版书是印刷术在宋代的杰出成果，也见证了印刷术在宋代的繁荣发展。

在如此细致地了解了宋版书之后，我们不禁感慨：一揽月盘尚能得，千金难换宋版书啊！

佛塔里西夏木雕

西夏的刻书活动

史传，元昊之父德明“晓佛书，通法律”，元昊本人则“晓浮图法，通汉文字，几案间常致（按置字之误）法律书”。统治者拥有较高的文化素养，对西夏文化教育和刻书印刷事业的发展，有着积极的影响。20世纪以来，西夏古籍虽多有发现，但有明确纪年及刻印情况的却不多。根据现有资料分析，西夏刻本有官刻、私刻、寺院刻三类。

官方刻书，是指由西夏政府“刻字司”刻印的书。“刻字司”属政府机构，设两名头监负责，头监由“番大学士”之类的学者担任。而“刻字司”组建于何时，史无明文。“刻字司”以刻印西夏文书籍为主，其中多为世俗文献，主要有语言文字、历史法律、社会文学和儒家典籍等。

私人刻书是由个人出资刻印的书，多为民间著述而不能在“刻字司”刻印者。比如，西夏文《新集锦成对谚语》（又译作《新集锦合辞》）是两句一条、工整对仗的民间谚语、格言集，它由梁德养初编、王仁持增补，于千佑十八年（1187年）由褐布商蒲梁尼寻印。

佛经中也有私人刻本，其中多为汉文佛经，以仁宗时期为多。西夏在建国前后就进行过广泛的赎买和翻译大藏经的活动，为之后刻印佛经打下了基础。西夏寺院刻经主要有两种情况：一种是皇室有重大法事活动时刻印佛经，一种是寺院为弘扬佛法刻印佛经。由于两者地位和财力不同，刻经的数量和规模也难以相比。皇室动

1038年，党项贵族李元昊称帝建国，自称大夏，又称白高大夏国，史称西夏。其疆域以宁夏平原为中心，东尽黄河，西至玉门，南临萧关，北控大漠，延茅万里。王朝历传10代，长达190年。西夏立国西陲，农牧并盛，手工业、商业也有一定的发展，它为西北地区的社会、经济和文化艺术发展作出了贡献。史料记载，西夏曾效仿唐朝建立中央集权制度、实行科举考试、创造西夏文字等，这为后来西夏刻书印刷业的发展奠定了基础。往事越千年，不变的唯有河西走廊上常年刮着的“呼呼”西北风。拂去历史的黄沙，让我们穿越时空去感受西夏的刻书印刷文化吧！

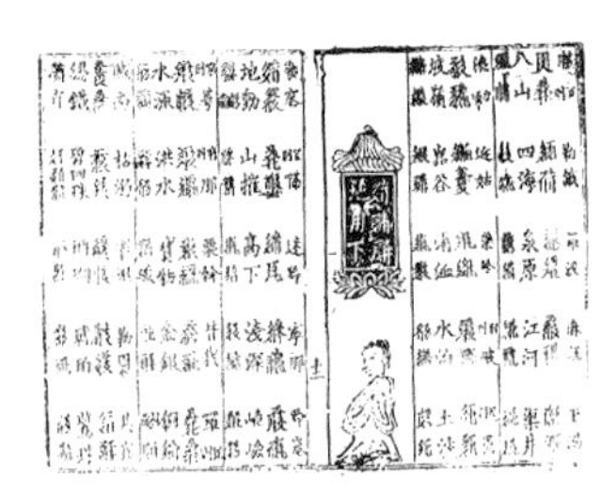

私人刻书《番汉合时掌中珠》

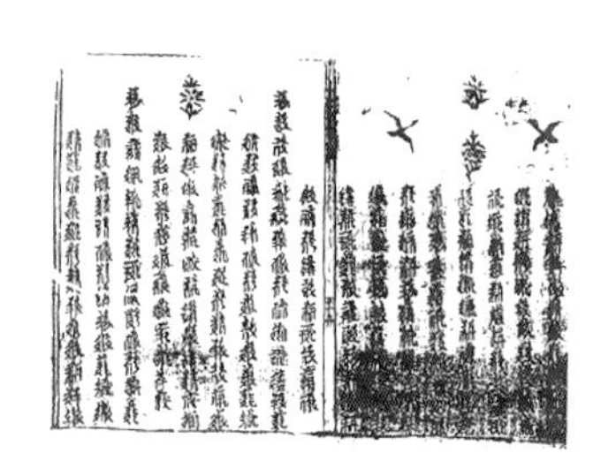

别具特色的西夏文书籍装饰

辄刻印数万、数十万佛经，也反映了西夏佛教盛行的状况和刻印能力的不凡。

西夏刻书印刷事业的特点

在西夏前期，北宋刻书印刷业异常繁荣，宋版书通过各种渠道流入西夏，暂时满足了西夏社会对书籍的需求，所以西夏的刻书印刷事业没有得到应有的发展。在现存实物中，最早的西夏刻本是惠宗时期的，而90%的出版物是仁宗时期的，这说明西夏后期是其刻书印刷事业发展最繁荣的时期。

西夏书籍的刻印，很大程度上控制在政府手中，重要典籍都由“刻字司”刻印，而皇家重大法事活动所需的大量佛经，也由“刻字司”组织有关寺院刻印，这就决定了刻印地点只能在京城及其附近地区。西夏私人刻工及私刻图书活动，也应在有购买市场的京都。刻印中心在京都兴庆府是西夏刻书印刷事业的一大特征。而书写使用竹笔，印纸多用麻纸，讳制不严格，笔授、刻工多为汉人，装帧形式多有变化，版面设计别具特色等，也均为西夏刻书印刷事业的特点。

宏佛塔出土的西夏雕版实物

相传在很早以前，宁夏贺兰县潘昶住着一户农家。有一天，农家主五更起来，赶着牛去地里干活，在路上碰见了一位由南而来的黑脸大汉。黑汉问他去平罗的路怎么走，农家心里疑惑，天色这么早，怎么会有行人呢？便随口说道：“看你长得像座塔，咋连去平罗的路都不知道？”谁知黑汉一听“塔”字，一下显出原形，变成一座塔。农家被这突如其来的变化惊呆了，吓得不由自主地扬起手中的鞭子向塔抽去，只听啪的一声巨响，天空中划出一道红光，黑汉所变的塔，上半截飞向了平罗的姚伏，下半截留在了原地。从此，贺兰县的潘昶和平罗的姚伏各出现了一座佛塔，留下来的这座塔，就是现在的宏佛塔。

贺兰县宏佛塔

1990年7月，在西夏宏佛塔天宫中发现了“贺兰雕版”，出土的西夏文字雕版残块有2000余块，有的仅存半个字，全都被火烧炭化而变黑。雕版多为双面版，也有单面版。根据文字大小的不同，可将其分为大、中、小号字版。大号字版仅7件，最大的一件作蝴蝶装，上下单栏，左右子母栏，版心为白口，上半部有书名简称，这是仅存的下部残损但整体版面尚全的一块雕版。中号字版最多，占50%以上，最大的两件皆为经折装。小号字版占40%以上，多为双面版，残损严重。

每一件文物的背后都有许多鲜为人知的故事，因此，这些雕版残件十分珍贵，是研究西夏印刷的宝贵资料，同时这也说明宏佛塔寺是西夏雕版刻印的场所。

神秘的西夏文字——木板雕刻（宏佛塔出土，现藏于宁夏博物馆）

回到元代刻书记忆

元朝——这个建立在马背上的政权，虽未曾在藏书编纂史上大放异彩，但却在刻书历史上留下了浓重的记忆。儒学刻印和书院刻印是元代刻印术的一双翅膀，而赵氏字体、行文风格和装帧技术则造就了独一无二的元代刻书。

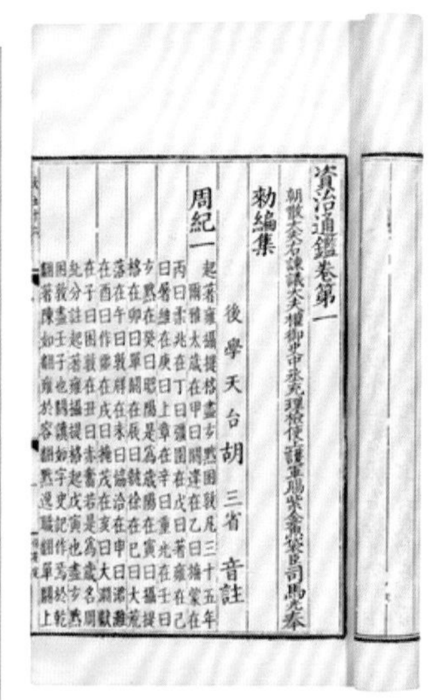

資治通鑑卷第一

朝散大夫右諫議大夫權御史中丞充理檢使上護軍賜紫金魚袋臣司馬光奉

勑編集

後學天台胡三省音註

周紀一

元代《胡三省资治通鉴》书影

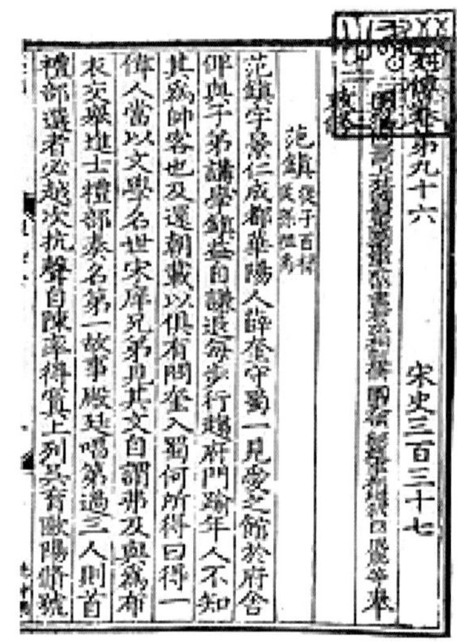

列傳卷第九十六　宋史三百三十七

范鎮 從子百祿 從孫祖禹

范鎮字景仁成都華陽人薛奎守蜀一見愛之館於府舍俾與子弟講學鎮益自謙退每步行趨府門踰年人不知其為帥客也及還朝載以俱有問奎入蜀何所得曰得一偉人當以文學名世宋庠兄弟見其文自謂弗及與為布衣交舉進士禮部奏名第一故事殿廷唱第過三人則首禮部選者必越次抗聲自陳率得寘上列吳育歐陽脩號

元代《十七史》书影

徘徊中的藏书，前进中的刻书

元朝——这个奉行“马上得天下，马上治天下”的朝代，在接收了南宋拱手奉上的土地的同时，也接受了它的慷慨赠品——浩如烟海的藏书。然而，尽管拥有如此丰富的资源，元代的藏书事业却并没有在历史上涂抹出浓墨重彩，除了编纂出版宋、辽、金三史外，元朝再没有编纂过其他丛书、类书等大部头的著作。

与藏书事业迥乎不同的是，元朝非常重视刻书事业。在蒙古人的马蹄还没踏上中原时，他们就已大力开展刻书工作了。蒙古于太宗八年（1236年，南宋端平三年）成立了编修所，随后在平阳立经籍所，负责编辑、印刷经史书籍。元史中也有记载说元代皇帝经常下令刻书、印书，让一些他自己喜爱的经史著作以及经世济民的农业书籍得以流传民间。在众多官方刻书中，现存最早的有兴文署至元二十七年（1290年）刻印的《胡三省资治通鉴》。皇家对于刻书事业的重视，自然而然地就带动了地方以及私人刻书业的发展。

与经史子集的相遇，与儒学书院的邂逅

地方政府刻书中主要以各路儒学刻书和书院刻书最为著名。

元代儒学刻书数量多，内容涉及各个知识门类，地域分布较广，而且多是由中书省下令或各行中书省分派雕版刻印。据前人之见传本书目及近年来有关调查研究资料可知，各路儒学刻书一般按经、史、子、集分成四类。儒学刻书还有一显著特点，即合作刻书。这种特点的最佳案例是元大德九年（1305年）由江苏建康道肃政廉访司副使伯都发起的分工联合刻印大型丛书《十七史》。

由于元代对文化教育非常重视，因而讲学、刻书遍及全国，书院林立，书院刻书版本众多。随着私人书院的逐渐兴起，不少打着书院名号的私家刻本也应运而生。元代书院以丰富的学田收入为资本，而主持书院的“山长”大都由著名学者担任，他们注重学问，勤于校勘，有精力从事刻书事业。书院刻本中有不少是内容、文字、雕镌、印刷、纸墨用料均属上乘的佳品。

赵孟頫

刻印数量很大，刻书字体标准

元代刻书中除了经、史以外，还有大量农业书

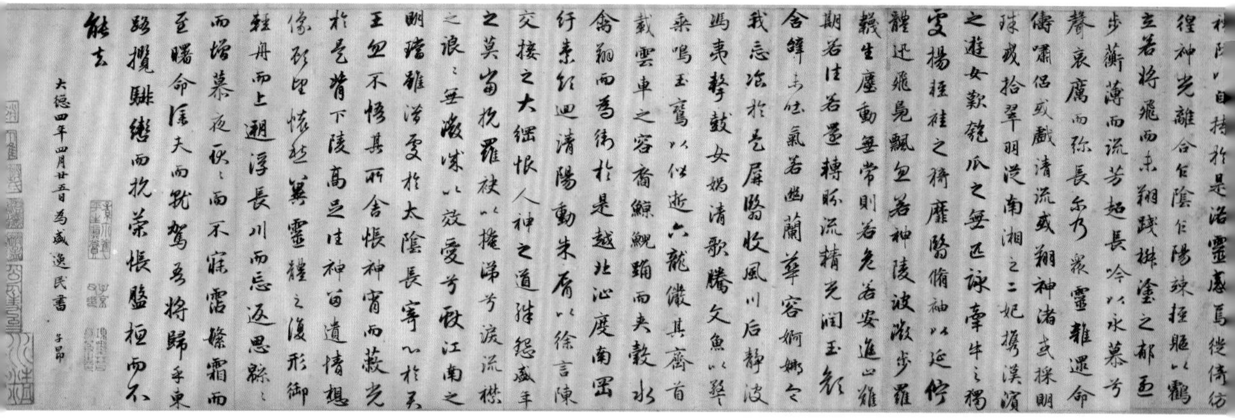

赵孟頫的《洛神赋》

赵孟頫工诗文，善书画，以古人为法，博采众家之长，真、草、隶、篆各擅其妙，小楷尤为精绝。《道德经》是他的小楷代表作之一，书于延祐三年（1316年），字体工整秀丽，笔法稳健，独具风格。卷首有明姚绶行书“松雪书道德经”6个字，前隔水绫上有近人张爰二题。曾经为明项元汴、项笃寿所收藏。

籍，如《农书》《农桑辑要》等都曾大量刻印并在民间广为流传。与此同时，注释本增多，纂图互注经书和子书、韵书以及各种经书的新注、史书的节录、科举应试的参考用书、模范文章选集等，刻印数量都很大。

此外不得不提到元代刻书的字体，它一般都用赵体字。作为元代的书法大家，赵孟頫（1254~1322年）的字圆润秀丽、外柔内刚，骨架挺劲有力。嘉兴路刻的《大戴礼记》、丁思敬刻的《元丰类稿》，字体都颇似赵氏手笔，神韵俱在。

作为一个礼法观念并不浓厚的民族，元代刻印的书籍里并不存在讳字，且使用了不少简体字与俗字，使内容看起来简洁明朗，易于阅读。

另外，在书籍装帧方面，元代出现了带图封面。元代以前的书籍尚无书名页可言，更没有带图的书名页出现。宋代虽被后人誉作雕版印刷的黄金时代，但是宋版书中至今没有发现有书名页的印书。中国也是世界图书史上最早出现的书名页，当属元代至元甲什（1294年）建安书堂刻印的《新全相三国志？？》。

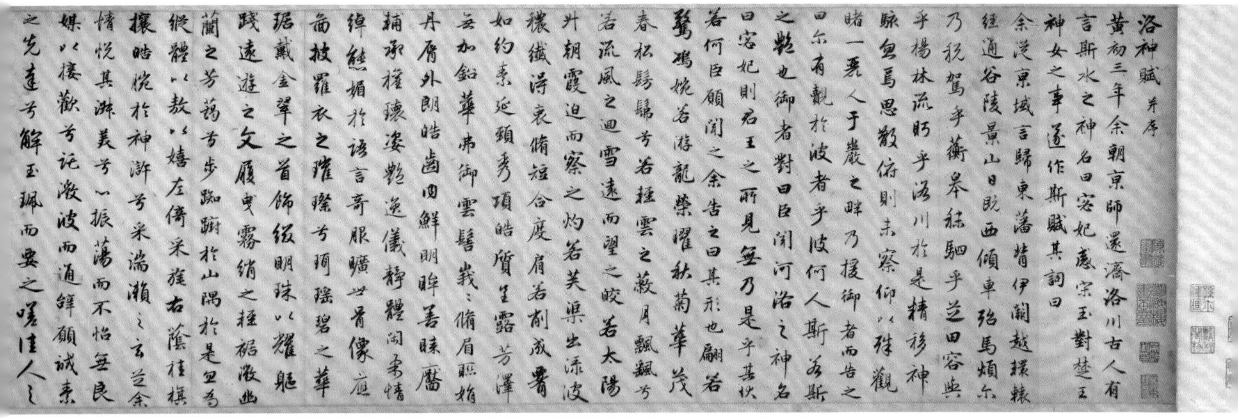

这本书见于日本长泽规矩也所著的《图解和汉印刷史图录篇》。书名后两字残缺，张秀民先生认为应为“故事”两个字，但有人直书“平话”二字，不知出处。该书封面中间有“甲什新刊”小字一行，小字上边横书“建安书堂”四个字，并绘有三顾茅庐图，卷端题有“至元新刊全相三分事略”。

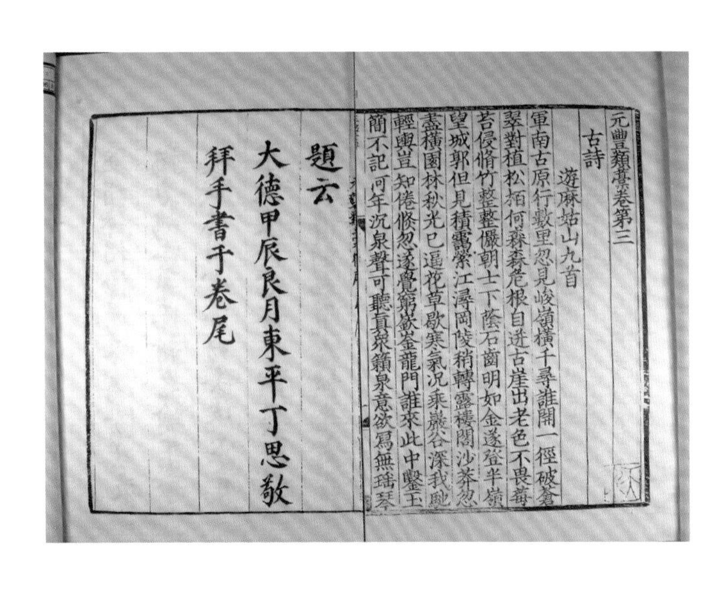
元豐類藁卷第三
古詩
遊麻姑山九首
軍南古原行數里忽見峻嶺橫千尋誰開一徑破蒼
翠對植松栢何森森危根自迸古崖出老色不畏霜
苔侵脩竹整整儼朝士下蔭石齒明如金遂登半嶺
望城郭但見積靄浮江潯岡陵稍轉露樓閣沙莽忽
盡橫園林秋光已遍花草歇寒氣況乘巖谷深我驅
輕輿豈知倦倏忽遂覺窮嶔崟龍門誰來此中鑿玉
簡不記何年沉泉聲可聽真衆籟泉意欲寫無瑤琴

題云
大德甲辰良月東平丁思敬
拜手書于卷尾

元代丁思敬刻印的《元丰类稿》书影

无闻和尚与《金刚经》

元末中兴路（今湖北江陵）资福寺无闻和尚注解的《金刚经注》，是流传到现在最早的朱、墨两色套印本，以它为代表的木版套印技术的发明，是印刷史上的一件大事，它标志着印刷技术又向前迈进了一大步。

无闻和尚批注《金刚经》

众所周知，自从印刷术发明以后，书籍的印刷成为其中的一个应用大项，印书使知识传播得更加广远，并推动着人类文化事业快速而持续地向前发展。元代以前的书籍印刷都是单色，但后来随着书籍插图的出现和套印术的应用，书籍印刷开始由单色向多色乃至彩色发展。而现存最早的多色印书，就是元惠宗至元六年（1340年）由中兴路资福寺用朱、墨两色套印的无闻和尚批注的《金刚经注》。该经原藏于南京中央图书馆，新中国成立前被携往台湾，现藏于台湾中央图书馆。

这部《金刚经注》为经折装，卷首扉页画着一位老僧正坐在松树下的书案旁讲经，旁有侍童一人，还立一人，桌前地面上生有几株灵芝草，天空

元刻《金刚经注》注经图

中还有云彩飞绕。画中松树为黑色，其他为红色。经文、注文亦用朱、墨两色套印，即经文大字用红色，注文小字用黑色。书后有刘觉广于至元六年为本书写的跋文，说："师在资福寺丈室注经，庚辰四月间，忽生灵芝四，茎黄色，紫艳云盖。次年正月初一日夜，刘觉广梦感龙天聚会于刊经所谶云。"《金刚经注》注经图下方的四株灵芝恰与刘氏跋文相合。

单色雕版印刷和套版印刷

单色雕版印刷是雕版印刷中最古老且最常用的一种印刷技术，从古至今，它虽然历经了历史的沧桑，但依旧焕发着活力，为印刷事业贡献着自己的力量。单色雕版印刷，就是一次只能够印出一种颜色，或红、或蓝、或黑，基本上墨色最为常见。有时候，对于一些比较贵重或是第一次刷印的书籍，会选用红色或蓝色，这种印刷我们通常称之为"单印"。从严格的意义上来讲，这种印刷不算是套版印刷，只能看作是涂色，而套版印刷是在一种纸上至少出现几种不同的颜色。但这种普通的雕版印刷是套版印刷的基础，它为我们的印刷事业作出了重大的贡献。

在雕版印刷的不断发展中，为了满足需求，随后出现了套版印刷。套版印刷是一种复杂的、高度精密的技术。比如，要印红、黑两色，那就先取一块版，把需要印成黑色的字精确地刻在适当的地方，另外取一块尺寸大小完全相同的版，把需要印成红色的字也精确地刻在适当的地方。每一块版都不是全文。印刷的时候，先就一块版印上一种色，再把这张纸覆在另一块版上，使纸与版框完全吻合，印上另一种色，这样一张两色的套色印刷物就

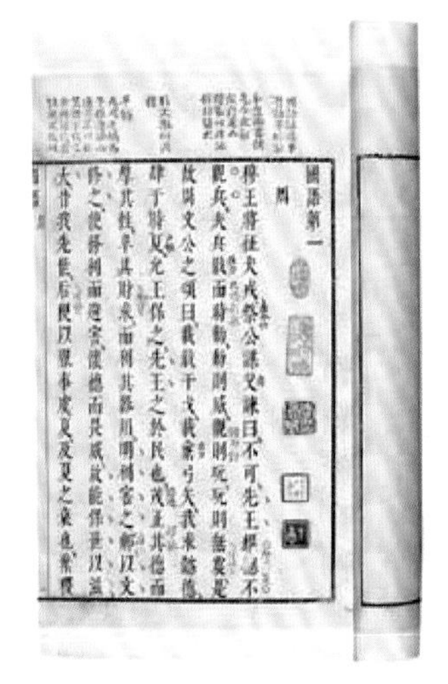

明万历年间闵氏三色套印本《国语》

闵齐伋（生卒年未详），字寓五，乌程（今湖州）人。自幼读书勤奋，好作诗文，以刻书为事。明万历四十四年（1616年）主持采用朱、墨两色套印《春秋左传》，获得成功。后又改为五色套印，先后刻印经、史、子、集等一批古书及诸多戏曲、小说。因印刷技艺日臻完美而名声大振，与著名刻书著作家凌蒙初齐名。著有《六书通》。

完成了。

假如印刷的时候粗心大意，两块版不吻合，或者刻版的时候两块版上字的位置算得不准确，那么印成之后，两色的字就会参差不齐，影响阅读。如果要套多种颜色，也可以照这种办法去做，不过套色越多，印刷起来越费事，所以要有极其熟练的技术才行。这样用各种颜色套印出来的书，如果是印在洁白的纸上，那真是鲜艳夺目、美不胜收啊！

这种套印的方法，虽然最迟在14世纪的元代就已经被发明出来了，但直到16世纪末的明代，才得以广泛流行起来。明代万历年间的闵齐伋、闵昭明、凌汝亨、凌蒙初、凌瀛初等都是擅长这种印刷术的名家。在清代，这种技术也得到了相应的发展。

套版印刷和版画艺术

把套版印刷和版画艺术结合在一起，就是我们熟知的彩色版画套印术了，这种技术是从涂色的方法发展起来的。先在一块版上涂上几种颜色，比如

題十竹齋畫冊小引

王宰十日一山五日一石豈肖形之難哉山有情石有態磅礴乃之為難耳近代畫手千臨百摹如里媼拍心不捨兒寢而目食者爭售之大軸小圖秪為璧疥新安胡曰從氏清姿博學

《十竹斋画谱》

《程氏墨苑》

在花上涂上红色、叶子上涂上绿色等，然后覆上纸刷印，就是最初的涂色法了。例如，在万历年间刻印的《程氏墨苑》中的《天姥对廷图》《巨川舟楫图》，就是用这种方法印成的。之后，彩色版画套印很快就发展为分色分版的套印方法，并且也出现了更复杂的饾版。印刷者将彩色画稿按不同的颜色分别勾摹下来，然后刻成一块一块的小木版，之后依次套印，最后形成一幅完整的彩色画图。用这样的方法印制出来的作品，颜色浓淡深浅合宜，与原作几乎没有任何差异。明代末年的原版《十竹斋画谱》和《笺谱》就是很好的样本。一张版画呈现着各种颜色，深浅浓淡，阴阳向背，无不精细入微，有的古版画的确是艺术上的珍品。

明代文学家、画家陈继儒在评论印刷术时，曾把雕版印刷术、活字印刷术及套版印刷术称为印刷史上的“三变”，可见套版印刷的意义的确非同一般。从这些版画中我们不仅可以了解到中国古人精妙的技艺，同时也能感受到中国古人的智慧。

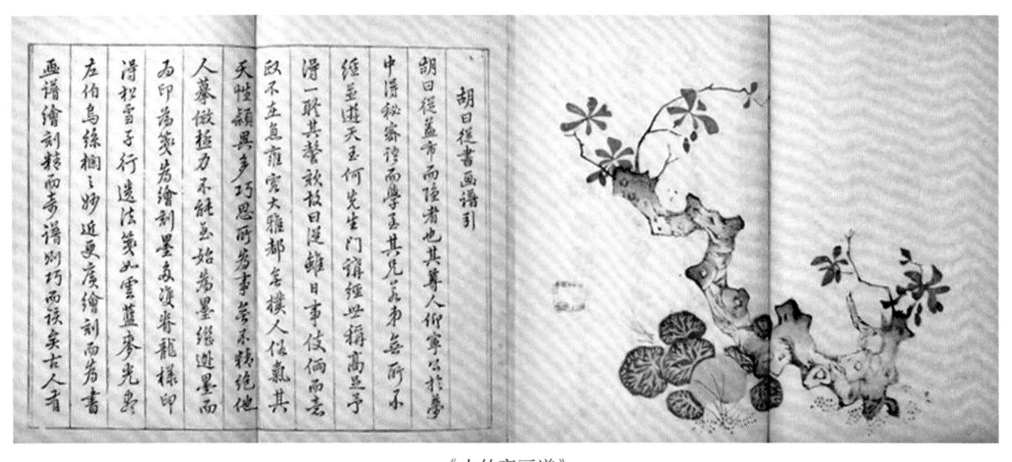

《十竹斋画谱》

明清雕印真精彩
官印私印竟不衰

1368年，朱元璋踌躇满志地建立了朱明王朝，由于明初统治者一开始就采取偃武修文的政策，十分重视图书的收集和出版，所以明代的雕版印刷，分布地区之广大大超过了宋元。其刻印的书籍仍然可分为官刻本、私刻本和坊刻本，估计总数有几万种之多，题材也十分广泛，尤其是版画艺术到了明代大放光彩，无论在数量上或技艺上都超过了前朝，达到了炉火纯青的境界。

1636年，清太宗皇太极改国号为“大清”并称帝，史称清朝。清朝前期国家实现了统一，社会相对安定，政治比较清明，出现了所谓国富民丰的“康乾盛世”，这就为印刷业的发展创造了有利条件，使得雕版印刷术在承接前代发展的基础上，以官刻、私刻、坊刻三大系统继续向前发展。到了清朝后期，由于社会动乱、经济凋敝、国力孱弱，加之西洋印刷术的传入，从而导致传统的雕版印刷也逐渐衰落，最后被西方传来的先进的印刷技术所代替。

明代司礼监经厂印制工艺流程图

明发明司礼监刻书

司礼监是明朝内廷特有的建置，掌管明代宫廷印刷。司礼监不仅可代皇帝批阅奏章、传达诏令，也掌管刻书。由宦官掌管中央政府的刻书活动，是明王朝的一大发明，也是中国刻书史上绝无仅有的现象。

司礼监和经厂本

宦官，也称太监、公公等，他们是一个特殊的人群，是中国古代专供皇帝及其家族役使的官员。西汉以前他们并非全是阉人，自东汉开始，则全为被阉割后失去了性能力而成为不男不女的中性人。明末清初的思想家和政论家唐甄在《潜书》中这样描绘宦官：“望之不似人身，相之不似人面，听之不似人声，察之不近人情。”

宦官势力在明代发展至顶峰，虽然明太祖明令禁止宦官干政，但明成祖夺权后便开始重用宦官。宣宗时，朝廷一改太监不得识字的祖制，在宫内设置内书堂，令学官教授小太监识字。司礼监是明代官方主要的出版机构之一，下设“经厂”，置经厂提督太监一名，总管印刷业务，主要印行经史读本、前代儒家性理、道学古籍和明代政令典籍等书籍。

经厂如同一个印刷厂，有刻字工、印刷工、折配工、装订工等，总人数有上千人。经厂所刻书籍称作“经厂本”。明代内府经厂共刻书约200种，这些官刻本讲究精写精刻，纸墨均用上品，而且版框宽大、行格疏朗、字大如钱，看起来美观大方，舒畅悦目，又多加句读，便于诵读，单从形式上看，不失为艺术精品。但是，因为主持司礼监和经厂的都是学识不高的太监，故校勘不细，错误颇多，因而学术价值不高。

司礼监——明朝内廷管理宦官与宫内事务的“十二监”之一。明代内廷十二监为司礼监、内官监、御用监、御马监（后称尚驷监）、司设监、尚宝监、神宫监、尚膳监、尚衣监、印绶监、直殿监、都知监，其中司礼监为首。十二监下设有四司八局，四司为惜薪司、宝钞司、钟鼓司、混堂司，八局为兵仗局、巾帽局、针工局、内织染局、酒醋面局、司苑局、银作局、浣衣局。合称“二十四衙门”。

明司礼监刻本《赐号太和先生相赞》

明内府司礼监经厂刻本《赐号太和先生相赞》，是明代流传至今开本最大的一部雕版画册。它是明世宗朱厚熜在最宠信的道士邵元节（太和先生）80寿辰时，命史官所绘。具体为征文人韵士，按图配赞，对邵元节的种种“异能”，如祷雨、祀雪、开晴、招鹤以及祈求灵验圣嗣叠生等，绘图并加以赞颂。赞文初成时，世宗甚为不满，复命另一宠臣顾鼎臣重新修改。全书有相26幅，赞26篇。此书开本尺寸为高76厘米，宽55.4厘米，版框半叶尺寸为高53厘米，宽45.8厘米，为国家图书馆所藏开本最大的善本古籍。

《明史·列传·邵元节传》中称邵元节为贵溪人，是龙虎山上清宫达院的道士。世宗嗣位好鬼神事，于嘉靖三年征他入京，大加宠信，俾居显灵宫，专司祷祀。雨雪愆期，祷有验，后又因“皇嗣未建，数命元节建醮……越三年，皇子叠生”，邵氏屡得赏赐。邵元节80诞辰祝寿，世宗特为其题诗，云：“人生五福寿为先，寿者还基行德全。翊国康民兼济物，定看高寿迈前贤。”由此可见其受宠的程度。

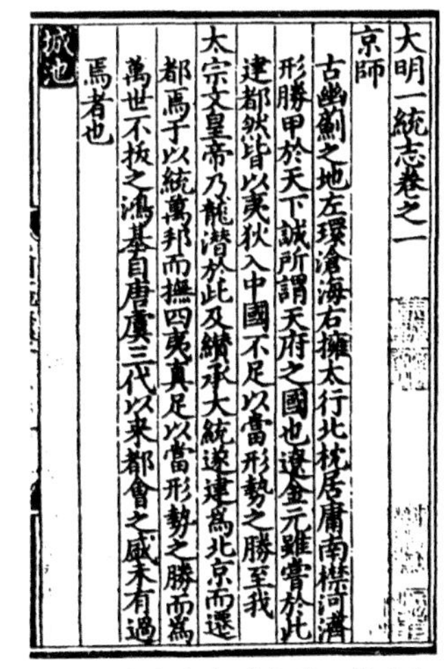
大明一統志卷之一
京師
古幽薊之地左環滄海右擁太行北枕居庸南襟河濟
形勝甲於天下誠所謂天府之國也遼金元雖嘗於此
建都然皆以夷狄入中國不足以當形勢之勝至我
太宗文皇帝乃龍潛於此及纘承大統遂建爲北京而遷
都焉于以統萬邦而撫四夷真足以當形勢之勝而爲
萬世不拔之鴻基自唐虞三代以來都會之盛未有過
焉者也
城池

明代内府本《大明一统志》（印于1461年）书影

“钦安殿祈求圣嗣相”图

相赞称：“禋祈郊禖，以祓无子，天笃周祜，衍庆千祀。虔祷玉清，祈承天序，帝锡华胤，为宋令主。幽明一理，上下感通，前星未辉，睿思忡忡，命公致祷，公单厥心，执予有恪，上帝既歆。吁！君臣同德，格于冥冥，所以未久而皇嗣绳绳也。”

“皇储诞生内殿挂彩簪花相”图

相赞称：“上玄降鉴，胤嗣克昌。麟趾振振，绵皇祺之。有秩螽斯，蛰蛰绳祖武之无疆，故皇嗣之应祷而生也。御札报公，召至内殿，披彩簪花，光华辉绚，迎而劳之，曰惟卿勋，屡祷之验，其应实神。吁！此公之精诚，所以昭格乎幽明，克立身而扬名也。”

邵元节真的像《相赞》中所说的那样能够祷雨、祀雪、开晴、招鹤以及祈求灵验圣嗣叠生吗？国家图书馆赵前先生曾经进行考证，认为道教斋醮的开坛，必先烧香。香为通真达灵的信物，降真香是祀天帝的灵香，因此可以上达天帝之灵所。邵元节正是在醮坛上用降真香拌和其他杂香，烧烟直达上天，以招仙鹤降临的。而他的皇子叠生，也不是建醮祈求的结果，而是由于他精通医术和本草学，以《云笈七签》中的“老君益寿散”为基础，配以鹿茸、人参、附子、穿山甲等滋补品，做成“仙药”给皇上服用。世宗服用后，到50岁时已有8位皇子、5位公主，且身体强健。世宗将此丹取名为“鹤龄丹”。

《赐号太和先生相赞》开本宏大，是中国明代乃至中国古代所传至今最大的一部雕版画册，反映出了中国明代的雕版印刷技术水平之高。

司礼监掌印太监冯保

著名宦官王振、冯保、刘瑾、魏忠贤等皆曾任司礼监主管（掌印太监），下面简略介绍一下冯保的事迹。冯保，河北深县人，一代贤宦，明朝著名的改革家，首辅张居正的政治盟友。

冯保不知何时阉割入宫，嘉靖时任司礼监秉笔太监，隆庆元年（1567年）提督东厂，兼理御马监。冯保有很高的文化修养。他在司礼监任上刻了许多书，如《启蒙集》《四书》《帝鉴图说》等，这些书直至崇祯年间还在宫中流传。他的书法颇佳，又通乐理、擅弹琴，造了不少琴，“世人咸宝爱之”（《酌中志·卷五》）。

张居正成为首辅后，在太后、皇帝的支持和内相冯保的配合下，执政多年，裁减冗员、减少支出，并推行了“一条鞭”法，增加了国家财政收入，使大明政权一度出现复苏的局面。张居正固然有大才，但之所以能被委任为内阁首辅，得以施展政治报负，是因为有冯保的全力支持。但是，冯保贪财好货，广收贿赂，张居正也曾送给他不少宝物。冯保后来又花费巨款为自己修建了生圹（坟墓），张居正写了《司礼监秉笔太监冯公预作寿藏记》，对他歌颂不已。张居正评价他：“勤诚敏练，早受知于肃祖，（世宗）常听为‘大写字’而不名。”

余侍
御之暇嘗閱圖籍見宋時張擇端清明上
河圖觀其人物界劃之精樹木舟車之
妙市橋村郭迥出神品儼真景之在目
也不覺心思爽然雖隋珠和璧不足
云喻誠希世之珍歟宜珍藏之時
萬曆六年歲在戊寅仲秋之吉
欽差總督東廠官校辦事兼掌御用監事
司禮監太監鎮陽雙林馮保跋

冯保在《清明上河图》上题跋（1578年），自署官称“钦差总督东厂官校办事兼掌御用司礼监太监”，兼总内外，权倾一时。（据传：《清明上河图》入宫后，因隆庆帝不喜欢字画，成国公朱希忠趁机奏请皇帝赐予他，但皇帝却让估成高价，抵其俸禄。在画将要给朱时，一个小太监得知此画价值连城，便将画盗走，正要出宫，管事人来了，小太监急将画藏到阴沟里，恰遇当天下雨，一连三天，画已腐烂，不堪收拾。这个故事被明人詹景风收入他的《东图书览编》中，但此事实为盗画人冯保所杜撰。冯保是隆庆帝万历年间的秉笔太监，东厂首领，有权有势，可出入皇宫。冯保得到《清明上河图》以后写有题跋，如系皇帝赏赐，他在题跋中一定会大书特书，但冯保只字未提，显系盗窃到手，为了掩人耳目，便编造了以上离奇的故事。）

明初三刻汉文藏经

约在公历纪元前后，印度佛教开始传入汉地，其经典经过历代的翻译、流通，数量日益增多，最后汇集、编纂成卷帙浩繁的“藏经”（即《大藏经》）。汉文《大藏经》的流传，在唐以前仅为手写本，由于隋唐之际发明了雕版印刷术，所以宋初开始雕版印刷《大藏经》。朱明一代，以和尚开国，对佛教是深怀感情的，明朝在初期就先后三次刻印了《大藏经》，即明太祖洪武初开刻的《洪武南藏》，以及明成祖永乐年间两度刻印的《永乐南藏》和《永乐北藏》。

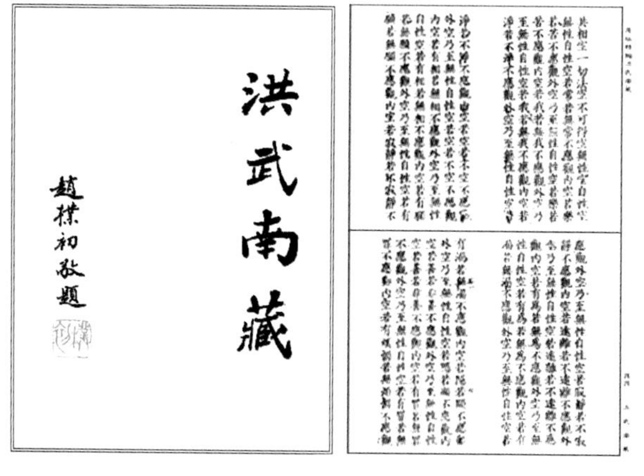

《洪武南藏》书影

硕果仅存的《洪武南藏》

洪武五年（1372年），朱元璋下令在南京刻印第一部《大藏经》，史称《洪武南藏》。这部《大藏经》约在洪武三十一年（1398年）告成，全藏包括1600部佛经，共7000多卷，678函，无全藏扉画，只有单经扉画3幅。《洪武南藏》点校严谨、刻工精良，可惜在永乐六年（1408年）蒋山寺火灾中，版片毁于一旦。因该藏存世仅10年，传世印本极为罕见，以致一般人竟不知该藏存在。所幸四川乃天府之国，竟有此福报，藏得《洪武南藏》一部（北京图书馆善本部主任方广昌先生称之为仅存之孤本），但它一直到1934年才在四川崇庆县山古寺中被发现，而且已经略有残缺，其间还夹杂有部分补抄本和坊刻本。这部《洪武南藏》现存于四川省图书馆，影印本全242册已出版。

为什么山谷寺里会有《洪武南藏》呢？原来，明

明代木版刻印大藏经《洪武南藏》之扉画（尺寸：24×12平方厘米）

《洪武南藏》这一幅世所仅存的“玄奘译经图”，位于《大乘百法明门论疏》卷首。图中描绘的是玄奘和他的弟子窥基法师、慧沼法师翻译佛经的场面，三位法师执笔坐于书案前，身后是山水屏风，书案上摆放着文房四宝和经卷。画面静中有动，构图巧妙，通过逼真的版画艺术，使这位中国古代最伟大的佛学翻译家、佛学大师的艰韧不拔的毅力、恢弘大度的气势之精神风貌跃然纸上，堪称中国古代版画艺术的杰作。

太祖的幺叔，法名“法仁”，晚年定居在川蜀崇庆县凤栖山谷寺。朱元璋知道后，御赐其《洪武南藏》一部，并将古寺赐名为“光严禅寺”。于是，这部藏经便千里跋涉，来到大山深处的光严禅寺安身了。

《洪武南藏》被保存在卷帙浩繁的古寺藏经楼里，直至新中国成立初，当时崇庆县县长姚体信见了经书后，恳请文史专家鉴定，并请上级代管，这才使《洪武南藏》在当时国家无暇顾及而交通又极其困难的条件下，被运抵四川省图书馆代为保管。

南京重刻的《永乐南藏》

第二部官刻的《大藏经》是《永乐南藏》，又名《再刻南藏》《南藏》。它是在明成祖永乐年间（1403~1424年），根据《洪武南藏》在南京重刻的，始刻于明成祖永乐十年（1412年），完成于永乐十五年（1417年），参与者有居敬、善启等。刻藏的地点和经版收藏处在南京大报恩寺，供全国各地寺院请印，平均每年约印刷20部，其中大航海家郑和就印了10部。此藏至明末清初仍在印行，所以流传下来的印本较多。《永乐南藏》大部分为梵夹本，经版有57160块，全藏636函，千字文编次天字至石字，共1610部，6331卷。每版30行，折成5面，每面6行，每行17字。该藏虽是根据《洪武南藏》重刻的，但书写和镂刻都不及《洪武南藏》工整。《永乐南藏》今存于山东省图书馆（据叶恭绰《历代藏经考略》、李圆净《历代汉文大藏经概述》中介绍可知）。

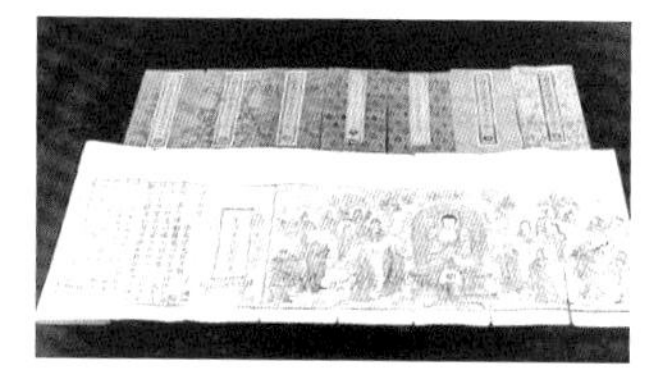

《永乐南藏》书影

美轮美奂的《永乐北藏》

第三部官刻《大藏经》，于1421年在北京开始雕刻，至1440年完成，称为《永乐北藏》。它包括了1621种佛经，共6361卷，分装成636函。《永乐北藏》初刻本告成之后，由于藏在京城，故一直作为官赐藏经，由朝廷统一印刷，下赐全国各大寺院。在南、北两藏中，它更具有官方性质和权威性（《永乐南藏》

山东省图书馆

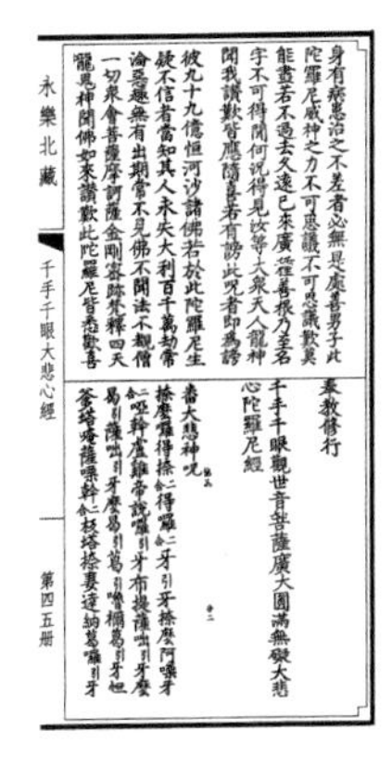
永樂北藏　千手千眼大悲心經　第四五册

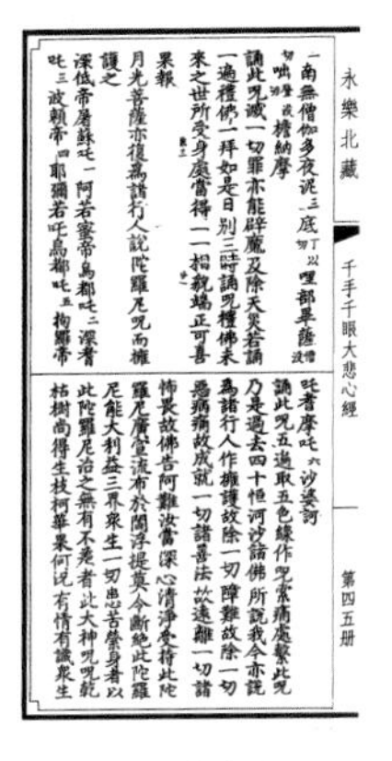
永樂北藏　千手千眼大悲心經　第四五册

故宫博物院的清宫旧藏《永乐北藏》书影

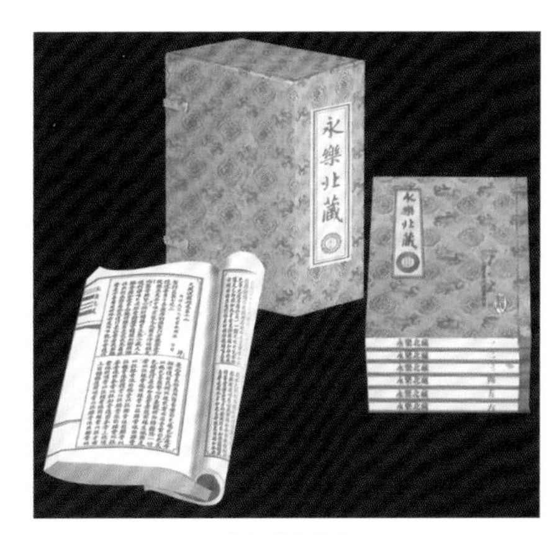

《永乐北藏》

的印刷则较为容易，一般信众也可出资印行）。后来在1584年，万历皇帝（明神宗）的母亲又续刻各宗著述36种，共410卷，称《续入藏经》，并把它并入《永乐北藏》，使之成为一部相当完备的《大藏经》。《永乐北藏》的版片原藏于故宫司礼监刻经厂，后经清代移出转至北京某寺院，之后又流落民间，经抗日战争与文化大革命的破坏，散落丢失极其严重。近年，雕版收藏家姜寻以重金收购剩余部分，将其捐献给了国家图书馆内的文津雕版博物馆。《永乐北藏》是现存完整的《大藏经》中最为精美的一部，有极高的文献价值。与以往的《大藏经》相比，《永乐北藏》同属经折装，但行款微有不同，其每版高约28厘米，宽约13厘米，全书字体用赵体，字大如钱，字体娟秀，天地疏朗，装帧典雅，美轮美奂，持诵极佳，充分展示了宫廷的豪华气派。

此外，明成祖还派人到西藏取经，并于1410年复刻了西藏文《大藏经》，称为《番藏》，以报答“皇考妣生育之恩”，并使“下界一切众黎，均沾无涯福泽”。

经折装，也叫梵夹装，中国书籍法帖装裱形式之一，以卷子长幅改作折叠，成为书本形式，前后粘以书面，佛教经典多用此式。它是从卷轴装演变而来的，卷轴装展开和卷起都很费时，改用经折装后较为方便。凡经折装的书本都称“折本”。

伪造假钞屡禁不止

明朝有个叫杨馒头的人，为了牟取暴利，伙同一个银匠，用锡版印制伪钞。被发现后，不仅他本人和那个银匠按律被枭首示众，而且还株连九族（十族），酿成了从南京到句容长达九十里长途“尸首相望”的惨状。

严惩伪造者，重赏举报者

假钞，指伪造、变造的货币。宋朝正式开始发行纸币，伪钞也就随之出现。大量的伪钞流通可能导致经济问题，例如通货膨胀，不仅危及国内经济，更影响人民生计。景气差，赚钱已经不容易，若还收到伪钞，更是让人民群众的荷包缩水。所以，任何时代的政府都要杜绝伪钞的泛滥，立法严惩以身试法者。

南宋高宗绍兴三十二年（1162年），朝廷制定了“伪造会子法”，规定涉案犯人处斩，举报者有赏。明朝则采取经济和法治相结合的手段来严禁伪造钞票。《大明律》中明确规定：“惟铜铁私铸者，故斩。”同时，朝廷还把严禁伪造的条文刻印在纸币的正面。大明通行宝钞的下部均印有“中书省（户部）奏准印造，大明宝钞与铜钱通行使用，伪造者斩，告捕者赏银二百五十两，仍给犯人财产”的警戒性文字。这段文字明确规定了举报伪钞者奖励250两白银，不仅如此，伪造者的财产还要全部赐予举报者，这种奖励不可谓不高。尽管如此，仍有伪造者利欲熏心，不惜以身试法。如江苏句容县有个叫杨馒头的人，和一个银匠合伙用锡制作宝钞印版，印刷假钞，“重赏之下，必有勇夫”，他们被人举报后，结果如同文中上面所述。不过据史料所载，杨馒头和银匠虽然被杀

会子，是南宋于高宗绍兴三十年（1160年）由政府官办、户部发行的货币。

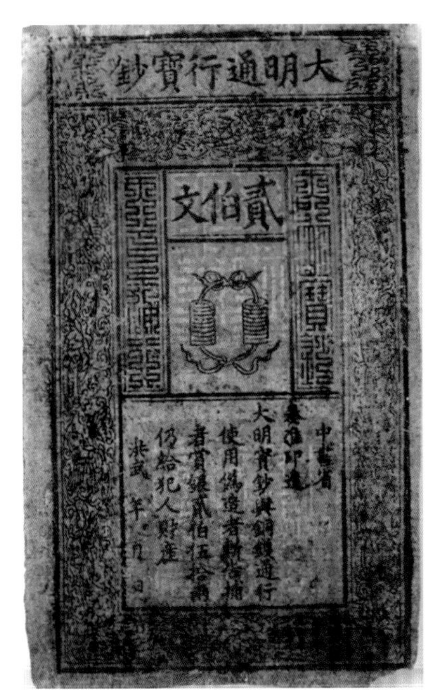

大明通行宝钞“贰伯文”

明代洪武年间流通的纸钞，中书省贰伯文。这幅贰伯文纸钞是小面额，流传至今的真品极少。钞面为单色印刷，中部上下盖有两枚红戳记，中上部楷书“贰伯文”字样，下图画绳串两贯钱币，下部方框中注明通行旨令以及惩伪措施。周边饰有鸳鸯戏莲纹样，为明代典型。

了，但他们印制的伪钞纹理分明，给我们留下了明代有人用锡版印刷纸币，技术上很是成功的珍贵史料。

明《三才图会》载《工部尚书周文襄公像》

明朝宝钞流通，防伪措施有功

上图所说的大明通行宝钞中书省“贰伯文”，流通时间为洪武八年（1375年）到洪武十三年（1380年），因洪武十三年明废中书省升六部，故以后造钞属户部，铸钱属工部。明代300年，仅发行过一种“大明通行宝钞”，而且宝钞的印制和在全国的发行流通始终集中于中央政府，这种统一性是前代不曾有过的。个中缘由，其防伪之功不可没，具体来说是采用了以下的防伪措施：

一是明代的印钞纸像前代一样也采用的是桑皮

周忱（1381~1453年），字恂如，谥文襄，江西吉安府吉水县（今江西吉水）人。周忱为永乐二年（1404年）进士出身，授庶吉士，进学文渊阁，升刑部主事、员外郎，官至工部尚书。

洪武八年（1375年），朝廷诏中书省造“大明通行宝钞”，面额自一百文至一贯，共六种，一贯等于铜钱一千文或白银一两，四贯合黄金一两。大明通行宝钞中书省叁伯文，系1380年前铸。大明通行宝钞是我国也是世界上迄今票幅面最大的纸币，票幅面积为338×220平方毫米。

大明通行宝钞“叁伯文”

大明通行宝钞钞版，重约700克

纸，并掺有其他的物质，钞纸呈特殊的青灰色，纸张极其敦厚，虽有些粗糙，却难以仿造。二是大明通行宝钞仍沿袭元代的旧制，但设计布局更严谨，雕刻更精致，图案更精细，文字更精美，图案疏密有致，是古钞图饰的典型，具有很强的防伪功能。三是在纸币上加盖了信用防伪的印章。

1965年，在北京白塔寺发现了现藏于中国钱币学会的大明通行宝钞一贯。宝钞正面有红色官印两方，上部为“大明宝钞之印”，下部为“宝钞提举司印”；背面上部有红印一方，为“印造宝钞局印”，下部有一长方形墨色印记，外为花栏，花栏内横书“壹贯”二字，“壹贯”二字下方是十串铜钱。

中国明代官员上任或奉旨归京，例以一书一帕相馈赠，当时这种书被称为“书帕本”。因为送人以书不过是一种形式，受之者未必看，刻书者自然也不会认真刻。所以，书帕本在明刻中是质量最下的一种。

明代官员

官场腐败一书一帕

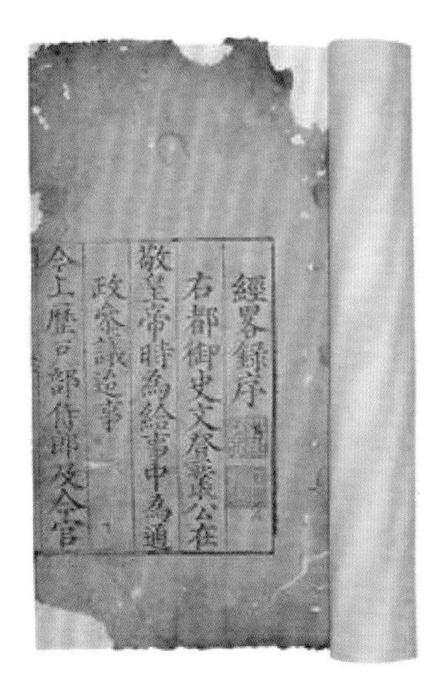

經畧錄序
右都御史文登叢公在
敬皇帝時為給事中為通
政參議迄事
今上歷吾部侍郎及今官

“书帕本”书影

官场书帕本，清明、腐败乎？

明代官场有一特异现象，就是“书帕本”的出现。还是在南宋时，官场上就盛行送书的风气，地方官吏或幕僚离任时，总要把六朝史书《建康实录》和词总集《花间集》作为赠送礼物送上，这已形成了定例，可以说是开了明代“书帕本”的先声。

清代顾炎武的《日知录》引证《金台纪闻》，说元时州县皆有学田，所入谓之学租，以供师生廪饩（lǐnxì，由公家发给师生的膳食津贴），馀则刻书。工程浩大者，则数处合力为之，雠校（chóujiào，校勘）刻画颇有精者。明洪武初，此项学租皆被收归国子学，故县学、书院缺乏余资，刻书已不精审。隆庆、万历年间，承嘉靖余风，皆喜刻书，但大多刻而不校，甚或妄加删削，以之馈遗当道官员，附之一帕，故有“一书一帕”之称。

又说：“今学既无田，不复刻书，而有司间或刻之，然只以供馈赆之用，其不工反出坊本下，工者不数见也。昔时人觐之官，其馈遗，一书一帕而已，谓之书帕。自万历以后，改用白金。”由此可见，书帕本的出现，不仅说明当时刻书之盛，亦反映出明初的官场还是比较清明的。但隆庆、万历年间，书帕本主要用于馈赠，而送人以书不过是一种形式，受书之人未必看，刻书之人也不是为了传播好书或营利赚钱而去认真刻印。这样就导致校勘不够细致精到，书中的错误很多，以至于以讹传讹。因此，在重视版本和书籍质量的读书人和藏家那里，书帕本得到的评价并不

《金瓶梅词话》书影

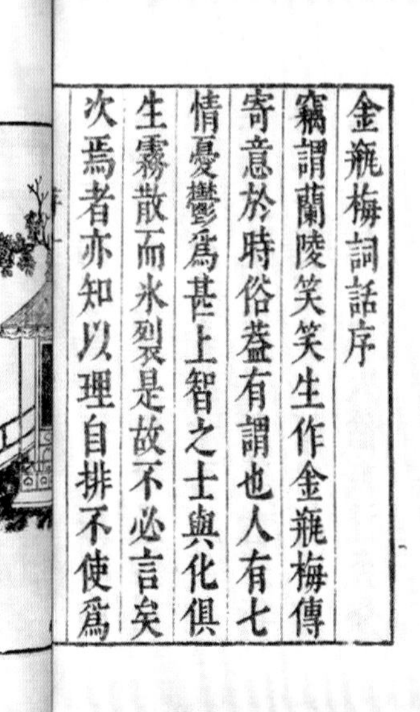

金瓶梅詞話序
竊謂蘭陵笑笑生作金瓶梅傳寄意於時俗葢有謂也人有七情憂鬱爲甚上智之士與化俱生霧散而氷裂是故不必言矣次爲者亦知以理自排不使爲

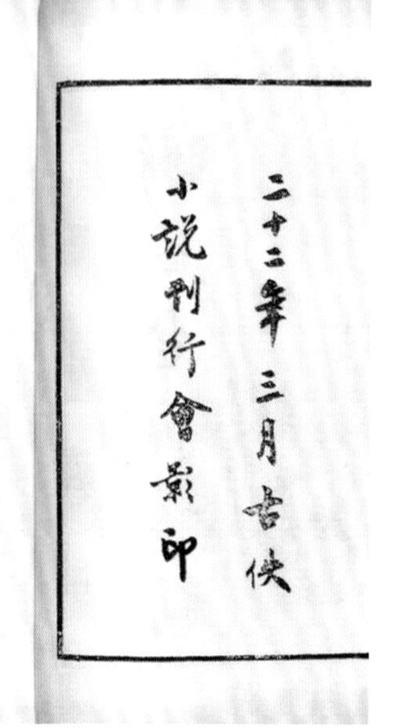

二十二年三月古佚
小說刊行會影印

高。后来干脆改用金银珠宝贿赂公行，明末封建士大夫的寡廉鲜耻，竟落到如此地步。

《金瓶梅词话》中的"书帕本"

明万历年间刻印的《金瓶梅词话》中曾多次出现"书帕"一词，如第三十六回"翟谦寄书寻女子 西门庆结交蔡状元"中，有一段新科状元蔡蕴和同榜进士安忱拜见西门庆时送的就是"书帕本"的故事，说是：

新科状元蔡蕴初识西门庆时，还是一个尚未脱尽穷酸气的书生。但西门庆早已从蔡京府上管家翟谦那里得知他不但中了状元，还投在蔡京门下做了假子。这天蔡状元和同榜进士安忱同船，来到新河口，来保拿着西门庆拜帖到船上拜见，就送了一分嗄程，酒面、鸡鹅、嗄饭、盐酱之类。蔡状元见西门庆差人远来迎接，又馈送如此大礼，心中甚喜，次日就同安进士进城拜见西门庆。西门庆已叫厨子在家里预备下酒席。蔡状元那日封了一端绢帕，一部书，一双云履；安进士亦是书帕二事，四袋芽茶，四柄杭扇。二人各具官袍乌纱，先投拜帖进去。西门庆冠冕迎接至厅上，叙礼交拜。家童献毕贽仪，然后分宾主而坐。

《金瓶梅词话》虽然是以北宋末年为背景的，但它所描绘的社会面貌、所表现的思想倾向，却有鲜明的晚明时代特征。像书中蔡状元、安进士赠送西门庆以书、帕，就说明馈送"书帕二事"在明代是官宦、文人、士绅等社会中上层人物相互交往时的一种惯常礼仪，而不仅仅局限于下级官僚晋见上司的情况。当然它作为一种雅尚在万历以前还甚为风行，到了万历以后，世风日下，重金而轻书，此种风尚就逐渐归于消亡了。

嗄（xia）程，指送行的礼物。嗄饭，指下饭的菜肴。云履，亦称"云头履"，古代的男鞋，履头为云头如意形，流行于唐代，明代以来多为官员和士人所穿用，故亦俗称为"朝靴""朝鞋"。这种靴鞋，式样肥阔端庄，美观大方。芽茶，指以纤嫩新芽制成的茶叶。宋人熊蕃所作《宣和北苑贡茶录》曰："凡茶芽数品，最上曰小芽，如雀舌、鹰爪，以其劲直纤锐，故号芽茶。"杭扇是浙江杭州特制的扇子，很有地方和民族特色，自古就有"杭州雅扇"之称，与杭州丝绸、杭州龙井茶一同被誉为"杭州三绝"。民间有所谓"一把杭扇，风流天下"之说。

天一阁藏书楼

一阁藏书和刻书

> 历史只能把藏书的事业托付给一些非常特殊的人物了。这种人必得长期为官，有足够的资财可以搜集书籍；这种人为官又最好各地迁移，使他们有可能搜集到散落四处的版本；这种人必须有极高的文化素养，对各种书籍的价值有迅捷的敏感；这种人必须有清晰的管理头脑，从建藏书楼到设计书橱都有精明的考虑，从借阅规则到防火措施都有周密的安排；这种人还必须有超越时间的深入谋划，对如何使自己的后代把藏书保存下去有预先的构想。当这些苛刻的条件全都集于一身时，他才有可能成为古代中国的一名藏书家……这个人终于有了，他便是天一阁的创建人范钦。
>
> ——余秋雨：《文化苦旅》之《风雨天一阁》

范钦和他的天一阁藏书楼

天一阁坐落在浙江省宁波市月湖之西的天一街，是中国现存最古老的私人藏书楼，原为明兵部右侍郎范钦的藏书处。范钦（1506~1585年），字尧卿，号东明，浙江鄞县（今宁波）人。嘉靖十一年（1532

天一阁的创始人范钦

年）进士，官至兵部右侍郎，辞不赴。嘉靖三十九年（1560年）回乡归隐。平生酷爱典籍，为官多年，每至一地，广搜图书，后抄有丰坊"万卷楼"的幸存藏书。嘉靖四十年（1561年）始建此楼，五年后建成。藏书楼名"天一阁"，取"天一生水，地六成之"之义。原藏书籍7万余卷，至新中国成立前只剩13000多卷。20世纪50年代以来，陆续有一批藏书家将自己的藏书捐献给了天一阁。1982年，天一阁被国务院公布为全国重点文物保护单位。天一阁现藏古籍达30余万卷，还收藏有大量的字画、碑帖以及精美的地方工艺品。清代乾嘉时期的学者阮元曾说："范氏天一阁，自明至今数百年，海内藏书家，唯此岿然独存。"

"天一生水，地六成之"出自《易经·系辞》"天一生水于北，地二生火于南，天三生木于东，地四生金于西……"，意思是说宇宙形成的第一个原素是水，构成了地球以后，再有四方上下六合来形成。

天一阁的故事：欣喜与悲壮

范钦有两个儿子，大儿子叫范大冲，二儿子叫范

天一阁宝书楼

大潜。范钦一直活到80岁，临终前他把大儿子和二儿媳（范大潜已亡故）叫到榻前，将遗产分成两份，一份是白银万两，一份是全部藏书。大儿子范大冲体察老父的心情，继承了全部藏书，并决定“代不分书，书不出阁”。范氏后代关于天一阁制定了许多严格的禁约。例如：烟酒切忌登楼；子孙无故开门入阁者，罚不与祭三次；私领亲友入阁及擅自开橱者，罚不与祭一年。

据清人谢堃《春草堂集》所载，清朝嘉庆年间（1796 ~1820年），宁波知府丘铁卿的内侄女钱绣芸是一个酷爱诗书的姑娘，为求得登阁读书的机会，她竟托知府为媒与范氏后裔范邦柱秀才结为夫妻。婚后的绣芸以为可以如愿以偿上楼看书了，但万万没想到，已成了范家媳妇的她还是不能登楼看书，因为族规不准妇女登阁，竟使她含恨而终。传说最后她变成了庭园假山上的一块石头（因它酷似微微抬头望着宝

读万卷诗书　养十年豪气

书楼的少女），日夜守护着天一阁。作家余秋雨感叹道：“她在婚姻很不自由的时代既不看重钱也不看重势，只想借着婚配来多看一点书，总还是非常令人感动的。”（《文化苦旅》之《风雨天一阁》）

《天一阁藏明代科举录选刊·登科录》内页

第一个破例登上天一阁藏书楼的外姓族人是明末清初的思想家黄宗羲。长衣布鞋的他在清朝康熙十二年（1673年）悄然地登上了天一阁。黄宗羲不仅阅读了天一阁的全部藏书，还把其中流通未广者编为书目，并另撰《天一阁藏书记》留于世。从此以后，天一阁有了一条可以向真正的大学者开放的新规矩，但这条规矩的执行仍然十分严苛，在此后近200年的时间里，获准登楼的大学者也仅有10余名，而且他们的名字都是上得了中国文化史的。

天一阁刻本的明显特征

天一阁主人范钦不仅收藏书，还利用手头的藏书刻印书籍、传播文化，是当时南方版刻事业的卓然大家之一。明代，资本主义开始萌芽，当时不但诸藩府刻书竞相攀比，坊刻及私人刻书也蔚然成风。天一阁的刻书规模，我们可以从其所刻书上记录的大批写

《天一阁藏明代科举录选刊·登科录》书影

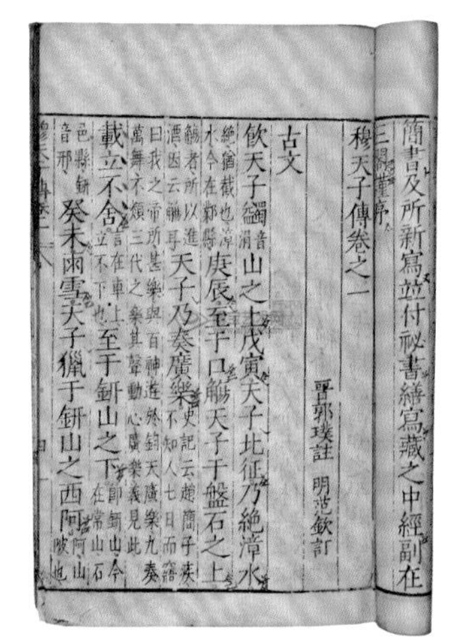

簡書及所新寫並付秘書繕寫藏之中經副在

穆天子傳卷之一

晉郭璞註 明范欽訂

古文

飲天子蠲山之上戊寅天子北征乃絶漳水

庚辰至于□觴天子于盤石之上

天子乃奏廣樂

載立不舍至于鈃山之下

癸未雨雪天子獵于鈃山之西阿

明范钦天一阁刻本

此书为知名藏书家范钦所刻，字体斩方，笔划舒展，为典型的明嘉靖时期刻书风貌。范钦作为古代最著名的藏书家，刻书却并不多，现在能看到的不过29种，其中20种还因为明代藏书家祁承业的《澹古堂书目》的记录而归入《范氏奇书》这一名目的丛书中。但这部丛书，范氏生前从未刊过目录，名字也是祁氏自己命名的。直到今天，《中国古籍善本总目》著录为24种，而祁承业著录为20种，《天一阁书目》则将之皆作为单刻著录，此本《穆天子传》即在《中国古籍善本总目》中著录为《天一阁奇书》中的一种。

刻工人姓名中得到佐证。书中记录姓名的写工有范正祥、黄瑞，刻工有戴锐、徐升、余堂、郭拱等近40人，其中《稽古录》一书的刻工就有25人。范钦从事刻书活动，是从他从政时就开始的，他从多年从政、治军的实践出发，厚古及今，经世致用。在公务繁重之余暇，他还牛刀小试，校刊过几部文集，其中有《王彭衙集》9卷（版佚，书藏南京图书馆）、《熊士选集》1卷（版佚，书藏北京图书馆）及《阮嗣宗集》2卷（版佚，书藏南京图书馆）。而范钦建立天一阁藏书楼后所刻之书，藏书界习称为“天一阁刻本”。这部分出版物有《司马温公稽古录》20卷、《说苑》20卷、《新序》10卷、《天一阁集》32卷、《范氏奇书》21种等。天一阁还保存了明代原刻书版共计623片，这是研究我国古代雕版印刷史及明嘉靖、万历年间范氏天一阁刻书事业的宝贵资料。

范钦非名门望族出身，也非纯粹学人，其功利心和进取心均强，没有学派门户和师承关系。他独立思考，躬行践履，不拘一家，博采众长，与时俱进。他的藏书和刻书，厚古及今，兼重传统与现实，且着眼于未来，因此所刻之书，题材范围较广泛，涉及哲学、史学、政治、军事、经济、法律等诸多方面，有不少为他自己亲见亲历之事，其中有丰富的实际内容与实践经验总结，是存史、资政、鉴世、育人的好材料。此乃范钦异于一般藏书家、出版家的最明显特征。

古往今来，落榜不落志者大有人在，明清之际的毛晋就是其中的一位佼佼者。虽然屡考不中，名落孙山，但他没有气馁，而是另开坦途。为了藏书、刻书，他40年如一日，夏不知暑，冬不知寒，昼不知出户，夜不知掩扉。即便是到了晚年头颅如雪，目睛如雾，尚矻矻（kūkū）不休。

毛晋像

毛氏之书走遍天下

搜海外秘册，锓本流传广远

明清之际以藏书家兼大出版家流名于世者，当以汲古阁的毛晋为翘楚。

毛晋（1599~1659年），字子晋，号潜在，江苏常熟沙家浜（今属江苏苏州）人。毛晋原本是常熟的一个秀才，家里很有钱，本人也喜欢读书，因为功名上一直没有突破，毛晋干脆断了仕途念头，隐居故里，变卖田产，修建了藏书楼“汲古阁”“目耕楼”“绿君亭”，以收藏和传刻古书。他藏书最多时达84000多册，尤其热衷于宋元精本和名抄。和一般文士满足于藏书不同，毛晋从一开始就把书当成一门生意来做，他延请海内名士30多人，从投资、招聘人员、组稿、校勘、编审、书写到镌刻、印刷、装帧，分工细致，工序环节明确，汲古阁校勘完毕即付刻印。自明末到清初40多年间，汲古阁共刻书600多种，雕刻的书版就有近11万块，这些书籍流传广远，至今汲古阁“毛抄本”“毛刻本”犹为人所称颂。“天下皆传汲古书，石仓未许方充实。购求万里走南北，问奇参秘来相

汲古阁

率。隐湖舟楫次如鳞，草堂宾客无虚日”，这首诗是对毛版书的绝好写照。清代大藏书家朱彝尊也称赞毛晋“力搜秘册，经史而外，百家九流，下至传奇小说，广为镂版，由是毛氏锓本（qǐn本：刻本）走天下”。

不惜血本，以页论价

当时在常熟一带流行着这样的谚语：“三百六十行生意，不如鬻书与毛氏。”在一些人看来，无论干什么行当，也赶不上卖书给毛晋赚钱。因为毛晋曾在其家门口贴一告示：“有以宋椠本至者，门内主人计页酬钱，每页出二百；有以旧抄本至者，每页出四十；有以时下善本至者，别家出一千，主人出一千二百。”收购书竟以页论价，就像现在人们买肉论斤一样，可见，毛晋求购图书是多么舍得花钱。因价格优惠，故引来远近书商纷纷到毛氏门上来卖书，以至于“潮洲书舶云集于门”。由于书的来源丰富，毛晋收藏了许多宋元时代的善本书，先后聚书达84000余册，数十万卷之多，有“海内藏书第一家”之称。这些书籍为他以后大规模地校勘、出版书籍创造了条件。

他为什么不惜血本来收购善本书呢？有人归结为他家有钱，但有钱的也不是他一家啊！这还得从他年轻时的一段经历说起：明天启七年（1627年），年近30岁的毛晋又一次乡试落榜。回到家后，他给父母讲起乡试时发生的一件事。他在客栈结识了一位镇江学子刘生，刘生最爱王维的诗，且能倒背如流，被人誉为“刘王维”。结果一次刘生吟王维的《春日与裴迪过新昌访吕逸人不遇》时却出现了一个错误，原来他的书有刊印差错，这事对一向自负的刘生打击太过沉重，以致于他疯了。目睹这件事情始末的毛晋，决意以后要制作质量上乘的书，而要做到这点，就必须要保证底本的正确无误。

“毛刻”经书

发明“毛抄本”，精选“毛边纸”

毛氏书印

除了高价购买以外，毛晋还寻访和借抄他人收藏的善本。采用影写的方法抄书，也是毛晋的一大发明，故人称“毛抄本”。据说有一天，毛晋在友人家做客时，竟然发现了一张藏于汲古阁的古画，仔细一瞧，不过是张临摹异常逼真的赝品罢了。毛晋仔细问后，得知原来是由一个年轻裱画师影画而成，而他也从中得到灵感，发明了“影抄”古书，用以宋版善本的保存。其实影抄并不神秘，今天小学生初学写毛笔字时的描红，就类乎影抄。清代孙庆增在《藏书纪要》一书中说：“汲古阁影宋精抄，古今绝作。”后来有些宋元刻本在流传中散失了，“毛抄”则被视为同原刻一样珍贵。今故宫博物院有毛氏抄本，非常精致，比起原刻印本真是青出于蓝而不输于蓝。毛晋还曾雇佣过许多人为他抄书，据说最多时雇工达200人，故又有“入门僮仆尽抄书”之惊叹。

毛晋刻书，无论对纸张选择，还是对抄手、刻工，要求都很严格。明末江西出产竹纸，纸质细腻，薄而松软，表面平滑，托墨吸水效果甚佳，且价格便宜。当时，毛晋先到江西大量订购稍厚实的竹纸，然后在纸边盖上刻有“毛”字的印，“毛边纸”的美名便由此得来，而稍微薄一些的，便以“毛太”冠名，其名沿用至今。

毛晋苦心经营自己的出版事业，他自己也说，为了藏书、刻书，他几十年如一日，即便是到了年老体衰，也不停歇，因此被人誉为“典籍印刷之忠臣”。许多宋代刻本靠他翻刻才得以流传下来，他为中国古代文化的保存和传播作出了重大贡献，我们不应忘记他。

不仅如此，毛晋还是个好积德行善的人，家乡的“水道桥梁，多独力成之；岁饥，则连舟载米，分给附近贫家”，因此赢得了“行野田夫皆谢赈”的称赞，可见他是个富有同情心、热心助人的人，这样的为人在那个时代也算难能可贵了。

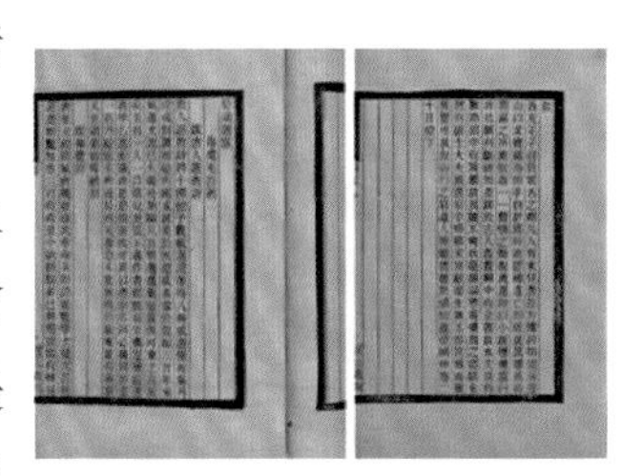
影印汲古阁初印本书影

“皇家出版社”——武英殿

清 武英殿刻书盛衰

“书中自有黄金屋”，宋真宗《励学篇》中的这句话可谓是妇孺皆知，可你是否想到“黄金屋中也有书”呢？不错，在紫禁城这个明清时期金雕银饰的“黄金屋”中，确实存在着一个刊刻书籍的地方——武英殿。

阅尽沧桑，几番衰谢几番荣

从西华门进入故宫，经过宝蕴楼再往东就是武英殿了。紫禁城中宫殿九千，现在人们对这座明初就已建立的武英殿的提及可谓是少之又少了，然而在明清历史上，武英殿的名气可不小，一幕幕“历史大戏”伴随着京剧的“急急风”鼓点，相继在这里上演。

1644年，风云激荡，攻陷北京的闯王李自成临危称帝，在武英殿里草草登基。清兵入关后，多尔衮、顺治帝也相继在武英殿居住，就连被后世称颂的千古明君康熙皇帝也是在武英殿居住期间，训练出了一批能够制服鳌拜的勇猛八旗子弟，最终得以亲政。康熙十九年（1680年），武英殿进入了属于它的辉煌时代——清廷在这里设立武英殿书局，使之成为宫廷专门的编书处和刻书处。后世百姓念念不忘的“康雍乾盛世”，也是武英殿刻书活动最为兴盛的时期。紫禁城中这座沉淀着独特历史文化气息的宫殿，在又一次见证一个风雨飘摇的时期后，伴随着清朝的结束，也在跌宕起伏的“历史大戏”中落下帷幕。

盛极一时的“皇家出版社”

你如果读读历史就会发现，在古代，但凡有什么机构与皇帝或宫廷扯上关系，必然会在机构名称前加上“皇家”二字以彰显其与众不同。如此算来，武英殿真可谓是不折不扣的“皇家出版社”。况且九五之尊康熙帝对刻书事业极为重视，武英殿这个在皇帝眼皮子底下运作的皇家刻书机构，主持工作的官员们又岂敢懈怠？所以在武英殿书局中，无一人不是能人——负责编撰和校勘的是皇帝钦点的博学鸿儒和来自全国各地的博学之士，负责刻书和印制的则是各种能工巧匠。毫不夸张地说，走进武英殿，就算随便拎出一个负责抄写或者校对工作的人，也是当朝知识渊博的翰林学士。

如果你以为武英殿的刻书印制工作只是将活字印刷成简单的白纸黑字，那你就大错特错了，要是只有这样的职能，武英殿如何担得起“皇家出版社”的

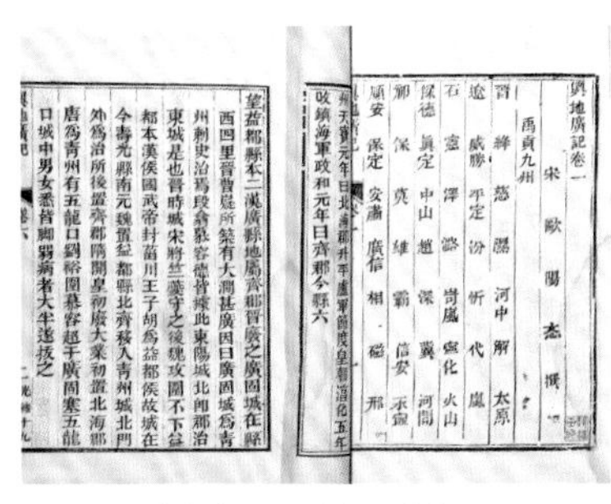
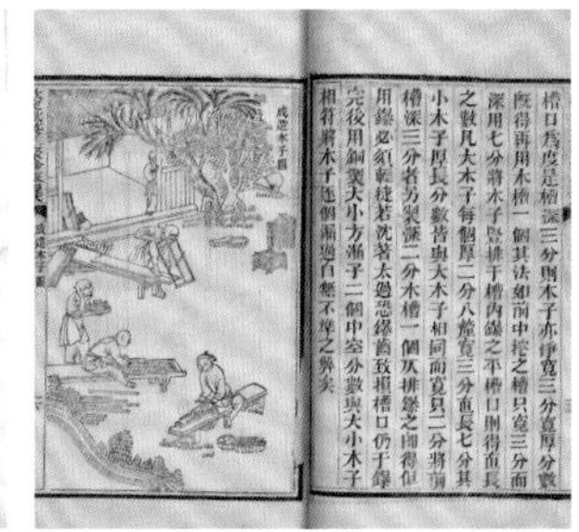

《武英殿聚珍版丛书》

开化纸，产自浙江省的开化县，因此得名。开化纸是清代最名贵的纸张，它质地细腻，极其洁白，帘纹不明显，纸虽薄却韧性强，柔软可爱，摸起来柔润而有韧性。清代顺治、康熙、雍正、乾隆时宫里刊书以及扬州诗局所刻的书多用这种纸。

美名？武英殿刊刻的书籍多为高级翰林编撰和校对，内容丰富、校勘精湛自不必多说。此外，武英殿刊刻书籍的质量也很高，它专门邀请名书法家精写软体字，雕刻时精写上版，力图完善精美。并且使用特制的开化纸印刷，纸张白净细腻而厚实，字体娟秀工整，秀美洒脱，风格各异，将书法艺术与雕刻艺术融为一体，成为当时刻书之特点，被称为“康版”，为殷本中最精美者，由此形成了我国古代官刻历史上独特的“殿本”风格。此后历朝官本、内府书籍如实录、圣训、御制诗文、经典、会典、方略等皆由武英殿承刻印行。

武英殿刊刻的书籍除了质量精良、包装精美外，数量之庞大也令人叹为观止。自康熙到宣统年间，据粗略统计，清内府修书多达700余种，单武英殿修书处承刻的就占到一半，而康熙、雍正、乾隆三朝编刊的书籍又占到总数的三分之二。它不仅保存了很多珍贵的宋元古籍，也为后人研究清史提供了很多文献资料。

武英衰败殿本毁，“激桶”消防应运生

唐代诗人卢纶曾在诗中写下“韶光偏不待，衰败巧相仍”的句子，告诉人们极盛之后必然要走向衰弱。这是千古不变的历史规律，即使是作为“皇家出版社”的武英殿，也无法避免。

嘉庆到宣统时期，武英殿刻书业逐渐衰败。乾隆末至嘉庆年间，政府腐败、土地兼并严重，各地农民起义、战乱不断，加之鸦片输入、白银外流，清政府财政来源濒于枯竭，凭府库开支的武英殿刻书业从此走向没落。工料来源不足，工匠艺人不断削减，经费缺乏，更加上西方先进铅印技术的冲击，以版刻印刷为主要特征的殿本的衰弱不可避免。

同治八年（1869年），一场大火将武英殿内贮藏

两百年的殿本及各种雕版焚烧一空，文化损失不可谓不大。但是历史的得与失从来都是祸福相依的，这次事件催生了中国消防队。不管怎么说，武英殿在清代作为宫廷的修书之所，是皇室文化事业的核心，为了防止发生火灾造成重大损失，清廷在武英殿设立了“宫廷消防队”——激桶处，“宫廷消防员”被称为激桶兵。当时自然还没有什么“高端大气上档次”的干粉灭火器、二氧化碳灭火器，只有一种叫作激桶的人工灭火器具，灭火时激桶的水射出，如同一条白色的水龙，因此这种灭火器具也叫“水龙”。不得不说，古人的智慧成果沿用至今——激桶这种人工灭火器具就是现代消防喷淋灭火系统装置的前身。

后来武英殿虽被重修，但内府基本上已停止在武英殿内雕版刻书了。宣统时武英殿已失去其现实意义，修书处成为官僚机构中名存实亡的一环，随着1911年宣统下台，殿本历史从此结束。

“回首沧桑已数番，感怀无尽又何言”，如今的武英殿已不复当年的辉煌，却仍然作为故宫建筑群中极为独特的一座宫殿，用几百年沉淀下来的文化韵味，向人们讲述着它曾经的故事。

重修过后的武英殿

乱真神技——木版水印

现今科技发展飞速，大家都知道复印机可以将我们的文字、图画一模一样地复制下来，丝毫无差，现今的3D打印机甚至可以将物品的形状也不差分毫地打印出来，可是你知道吗，早在1000多年前，古人就凭借自己的智慧制造出了他们那个时代的“复印机”，用于出版书籍图画，甚至是修复在岁月的流逝中已经遭到损坏的纸质书册画集。现在就让我们一同去见识一下这凝聚了先辈智慧的结晶——木版水印吧！

神奇的木版水印

齐白石老人以画虾闻名于世。一天，有人送来两幅一模一样的墨虾图，让老人辨别哪一幅是他的真迹。上下打量了许久之后，老人还是摇着头说道：“这个……我真看不出来。”这幅就连老人自己都无法辨识的作品，其实并非哪位大师的临摹之作，它只是一幅荣宝斋的木版水印画。

这种几乎可以以假乱真的木版水印，又称“木刻水印”，是我国特有的一种复制工艺。它集绘画、雕刻和印刷为一体，根据水墨渗透原理显示笔触墨韵，既可用以创作体现自身特点的艺术作品，也可逼真地复制各类字画。

早在唐代咸通九年（868年），有一位叫王阶的人便用此技术刻印了《金刚经》的扉页插图，现仍流传于世。唐代以来，中国雕版印刷几乎完全使用水墨，文图都用黑色。元代至元六年（1340年）出现了朱、墨两色套印的《金刚经注》。16世纪则出现了彩色套印。明代正德（1506～1521年）后朱墨套印被推广，并出现了靛青印本及蓝朱墨三色、蓝黄朱墨四色、朱墨黛紫黄五色套印本，清代中叶又有六色本。其主旨为在书眉上加批语，行间加圈点，每种颜色代表一家批注或评点。图刻的彩色套印，最初是在一块版上涂几种颜色，如花上涂红色，枝干涂棕色、黄色等，然后覆纸刷印，例如万历年间滋兰堂刻印的《程氏墨苑》中的《天姥对廷图》《巨川舟楫图》及万历刻本《花史》等。稍后，木版水印发展为多种颜色分版套印，明代末期更进一步出现了饾版印刷方法。

饾板拱花

木版水印制作流程

那么，木版水印到底是怎样操作的呢？一般来说它分为勾描、刻版、印刷三道工序。

勾描

由画师担任此项工作。第一步先分色，即把画稿上所有同一色调的笔迹划归于一套版内，画面上有几种色调即分成几套版。色彩简单的画面有两三套至八九套版不等，复杂的则要分到几十套，大幅的甚至要分到几百套到一千六百余套（如《簪花仕女图卷》）。勾描时先用赛璐璐版（即透明薄胶版）覆盖在原作上，照着勾描，然后用极薄的燕皮纸覆在勾描好的赛璐璐版上再描。描好以后的画稿，要极其精细地反复检查其笔触、神韵同原作有无出入。之后，再根据原作的色调和印刷需要分别勾出几套版备用。

刻版

这是木版水印的第二道重要工序，即把勾在燕皮纸上的画样粘在木板上然后进行雕刻。刻者除依据墨线雕刻外，还须参看原作，细心领会，持刀如笔，才能把原作的精神和笔法传达得惟妙惟肖。

印刷

这是木版水印的最后一道工序，各分版刻成后，依次逐版套印成画。

由于印刷用料及装裱形式与原作相同，因而木版水印的复制品具有酷似原作的特殊效果，人们常誉之为“艺术再现”，几可乱真。由于木版水印全是手工

戴着老花镜的崇福德在平整光滑的梨木板上雕刻画家黄永玉的组画《阿诗玛》，崇福德是荣宝斋木版水印技艺的第6代传人

操作，印制工艺复杂，生产过程时间长、产量少，因此木版水印画也被称为“次真迹一等”的艺术品，并于2006年入选第一批国家级非物质文化遗产。

荣宝斋与木版水印

说起木版水印，那必定绕不开“荣宝斋”这个名字。木版水印技艺是京城老店荣宝斋的独门绝技。无论是大不过盈尺的信笺还是巨幅的画卷，无论是现代书画还是古代名画，这里都可印制出来。

荣宝斋前身是1672年成立的北京“松竹斋”南纸店，其木版水印技术是从印制诗笺开始的。所谓诗笺，就是带有暗花和格纹的信纸，是传统文人用的东西。清末的诗笺不但代表了雕版印刷技术的最高水平，也体现了这个时期典型的绘画风格。进入20世纪30年代，笺纸的颓败之势日渐显现。一向对版画情有独钟的鲁迅敏锐地观察到了这一点，他意识到如果战火再起，这项流传千年的技艺恐怕真的就要泯灭了。1933年，郑振铎受鲁迅之托，在京城寻找能够印制精美诗笺的地方，最终他寻到了荣宝斋。在荣宝斋的配合下，两位先生的愿望实现了，使这一民族遗产得以留世。

可以逼真仿制名家大作的木版水印，被不少作假者当作造假的工具

有一次，徐悲鸿先生拿着他的一幅在20世纪50年代极具代表性的作品来到荣宝斋，说是一位英国友人爱上了这幅作品，但他心中又不忍割舍，希望用荣宝斋的木版水印技术复制一幅。遗憾的是，这幅作品的马腿画得长了一些，但重画恐难达到其他部分的神韵，悲鸿先生询问是否可以用木版水印的方式加以修正。结果，这幅作品通过木版水印技术的处理不但弥补了创作中的不足，同时还完整地保留了原作的神韵。其实，木版水印的最大特点在于能够最高程度地复制原作，复制水平之高，有时达到了原创者和复制者双方都难辨真伪的程度。

后来，荣宝斋的木版水印技师田永庆发明了印绢上水法，攻克了绢画印制的技术难关，铺平了木版水印技术走向巅峰的道路。另外，20世纪50年代初中央美术学院华东分院（今中国美术学院）的版画系主任张漾兮先生，在版画系成立了国内最早的木版水印工作室，专门就此项绝技开展教学和研究工作。

且看木版水印上千年一路走来，古老的技艺在岁月的流逝中不但没有渐渐落寞，反而获得了新的生命，焕发出别样的精彩。谁说只有现代科技才是智慧和创造力的体现？我们的先辈们就这一点给出了他们精彩绝伦的答卷！

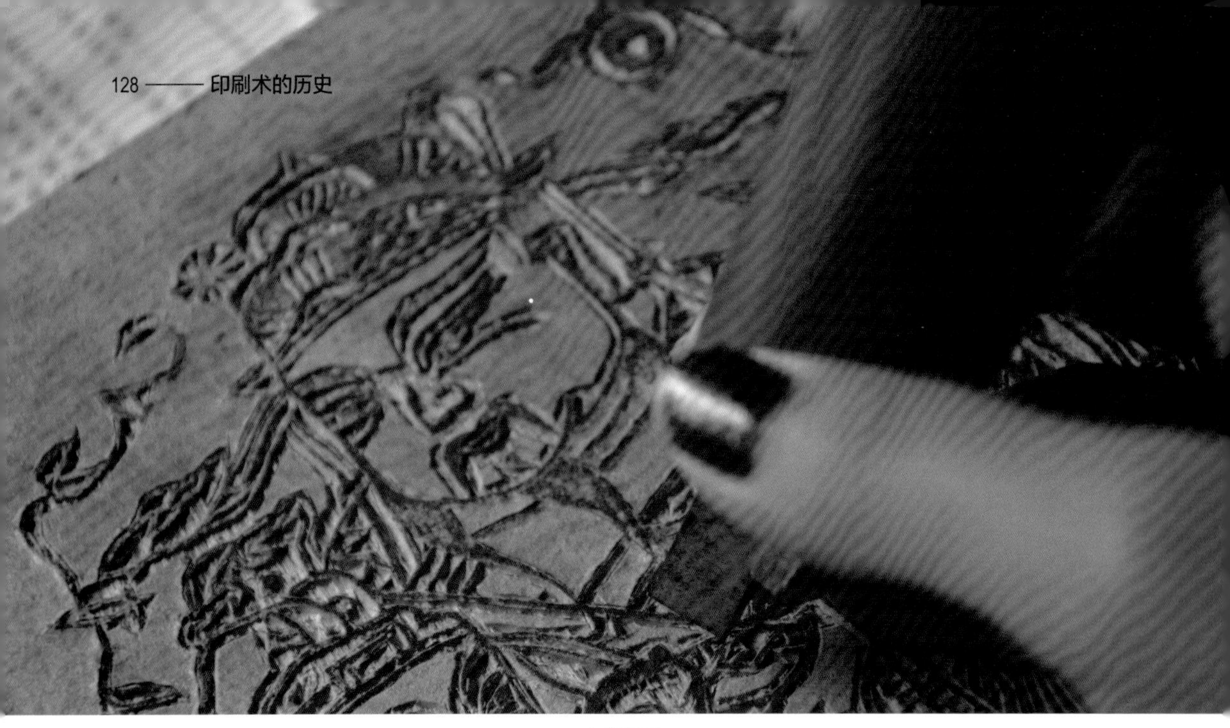

木版年画

版年画四家盛名

年画是中国的一种绘画体裁，也是中国特有的一种民间美术，因人们往往在新年时张贴，所以被称作年画。木版年画是年画中的一种，出现在印刷术发明之后。木版年画是以木版画形式制作的年画，是先用木版雕刻印刷画的轮廓，再由人工或套版上色而成。我国地域广袤、历史悠久，各地不同的文化和风俗使木版年画呈现出了显著的地域性特点。

木版年画的发展

明代时期，木版年画的印刷开始繁荣兴盛起来。最初，木版年画的功用在于驱鬼、辟邪，因而其内容多为传统的凶神恶煞的门神，现在新年时家家户户张贴的“门神”被认为是这类守护神门画的发展。相传，在很久以前，有两位叫神荼、郁垒的兄弟专门监督百鬼，发现有害的鬼就将他们捆绑起来去喂老虎。于是，黄帝就在门户上画神荼、郁垒的像用以防鬼。这个神话或许就是后来“门神”画产生的依据。又传，在唐贞观年间，李世民梦中以为宫中闹鬼，夜不能寝，大将秦叔宝、尉迟恭就自愿镇守在宫门前，以防邪困扰乱，为李世民壮胆。之后，宫中果然得以安宁。后来李世民为了免去二人守宫的辛劳，就让大画家吴道子为他们造像，并且张贴在宫门上。就这样，这种习俗便沿用了下来。

随着木版画的不断发展，制作者们开始将自己的希冀和期盼融入到木版画创作之中。随后，祈福成为木版画的另一重要主题，木版年画的题材也逐渐变得丰富多彩起来。到明朝末期已经出现了专门从事木版年画印刷的民间作坊。到清朝初期，受资本主义萌芽的影响，木版年画的印刷已经在全国很多地区发展起来。由于各地文化和风俗的不同，在全国逐渐发展并形成了几个区域性的木版年画生产基地，其中苏州桃花坞年画、天津杨柳青年画、山东潍坊杨家埠年画和四川绵竹年画这四家颇负盛名。

苏州桃花坞木版年画《一团和气》

苏州桃花坞年画

苏州桃花坞是中国南方最大的木版年画生产基地之一。木版画的工艺有基本的套路，其材料基本采用坚硬、纹理细腻的梨木，木板在被雕刻后，刷上水墨，即可印在容易吸水的宣纸上。与此同时也可采用水性的彩色颜料，分多版多次印成彩色年画。桃花坞木版年画兴起于明代，清代时最为兴盛。它主要采用套版印刷，只用红、黄、绿、蓝、黑五种色彩，也兼用着色。其年画题材十分丰富，有宗教神话、仕女娃娃、戏曲故事、世俗风景等，并且色彩柔雅清新，画面儒雅大方，许多生活中美好的事物都被纳入其中。《姑苏万年桥》《玄妙观庙会》《杭州西湖》等都是桃花坞木版年画的代表作品。

传统木版年画

以门神年画为例，桃花坞木刻年画中门神的形象主要有武门神、文门神、祈福门神三种类型。后又逐渐融入了鹿、蝠、马、宝、瓶、鞍等动物以及器物的谐音和象征意义，它们或是单独表意，或是通过意象组合，来表达人们对美好生活的祈求与向往。如年画《钟馗》的画面上方雕刻有蝙蝠、蜘蛛两种动物，因“蝠”谐音“福”，蜘蛛在南方又俗称“喜蛛”，故寓意“福从天来，喜从天降”。桃花坞年画因具有浓郁的地方特色而深受百姓喜爱。

天津杨柳青年画

杨柳青年画起源于现天津市西青区杨柳青镇地区，产生于明代崇祯年间，兴盛于清代雍、乾至光绪初期，距今已有600多年的历史。而现在的杨柳青可谓是“家家会点染，户户善丹青”，称得上是名副其实的绘画之乡。

杨柳青年画既继承了宋元的传统，又不断发展创新，采用木版套印和手工彩绘相结合的方式，创立了色彩鲜明、气氛祥和、题材多样的独特风格。它采用的是用雕版印出轮廓线条，再以人工填色晕染的方法。制作时，先用木板雕出画面线纹，然后将墨印在上面，套过两三次单色后，再以彩笔填绘。如著名的年画《连年有余》，画面上的娃娃“童颜佛身，戏姿武架”，怀抱鲤鱼，手拿莲花，取其谐音，寓意生活富足，已成为年画中的经典。年画的供应季节性强，主要在扫房之后、春节之前。因此每年秋后，客商云集于杨柳青，向各地销售年画。每逢春节到来之际，平常人家都会购买这些价格低廉的木版年画来装饰房屋。

杨家埠村标

山东潍坊杨家埠年画

杨家埠，位于现今山东省潍坊市东北15公里处，其木版年画历史悠久，风格独特。潍坊杨家埠木版年画兴于明初，盛于清代乾嘉年间，迄今已有600多年的历史。杨家埠先人由川迁鲁之前，就在宋代四川的梓潼县从事佛经雕刻工作，迁鲁之后，由于生活所迫和受明初政治以及儒家思想的影响，杨家埠木版年画应运而生。杨家埠木版年画对色彩的运用非常大胆，画面一般用纯度较高的原色来填充，色彩浓烈艳丽、粗犷豪放，既追求红火热烈、喜形于色的对比，同时又讲究画面的和谐统一，使作品充满了浓郁的乡土气息。

“巧画士农工商，描绘财神菩萨，尽收天下大事，兼图里巷所闻，不分南北风情，也画古今轶事”，描绘的便是杨家埠木板年画特色。杨家埠年画在清代达到鼎盛，曾一度出现“画店百家，画种过千，画版上万”的盛景。祈愿生活富足、展望庄稼丰收、祝福老人安康等这些表现祈福主题的题材都出现在木版年画中，它们表达了民众对安定、美好生活的向往。

四川绵竹年画

四川绵竹年画素有“四川三宝”“绵竹三绝”之美誉，极具巴蜀特色，富含着巴蜀人民乐观积极的思想理念，展现着巴蜀深厚的历史底蕴。绵竹年画也是首批入选中国非物质文化遗产的重要传统技艺之一。

绵竹年画的亮点在于具有浓厚的汉民族特点和鲜明的四川地方特色的彩绘。其构图以对称、完整、饱满、主次分明、多样统一为特色；色彩上大胆采用对比色，单纯艳丽、明快红火；线条则呈现出洗炼流畅、刚柔结合、疏密有致以及具有强烈的节奏感等特点；最后，夸张、变形、象征、寓意的造型，更是诙谐活泼。绵竹年画在技法上的特色是先印线条，由人工填彩完成后再套一次金线版。内容包括避邪迎祥、历史人物、戏曲故事、民俗民风、名人字画、花鸟虫鱼等。形式上，绵竹年画主要有木版套色、绘印结合、完全绘制三种。

木版年画《神英镇宅》

扬州广陵古籍刻印社一角

雕版印刷技艺传承

广陵："国书"刻印社

在历史上，扬州是中国的雕版印刷中心之一，它有着辉煌而灿烂的印刷文明。除了雕版印刷之外，扬州也有过活字印刷的出现。1958年，江苏广陵古籍刻印社（1999年更名为广陵书社）成立，它传承了雕版印刷技艺，同时也在活字印刷方面做出了巨大努力，成为中国最大的古籍线装书生产基地。

扬州自古繁华

扬州自古以来就是我国经济、文化非常发达的地方，尤以刻书业为代表，著名的安定书院、扬州诗局、广陵书院、梅花书院等都聚集在这个地方。康熙四十五年（1706年），著名学者汇集于此地，编校唐诗，一部900卷的《全唐诗》终于在一年之后刊刻完成。从这里我们就可以了解到在当时扬州的雕版印刷业是有多么的发达!

雕版印刷技艺的传承

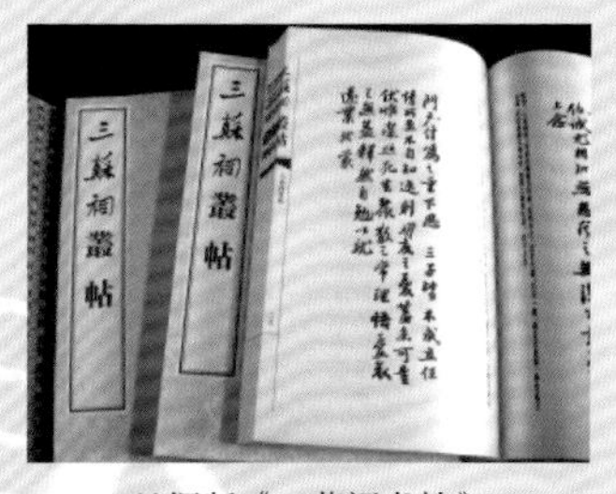

丝绸版《三苏祠书帖》

虽然印经院还在印经，年画还在一年一年地卖，不过我们还是应该帮雕版一把，不然它一走失我们就再也找不回来了。俗话说落叶归根，雕版也是这样，从扬州来它又回到了扬州去。

在广陵古籍刻印社的雕版印刷技艺馆中有传承千年的雕刻、印刷、装订工具，这些都可以让人感受到雕版印刷的艺术魅力。而且，该馆中还有保存较好的雕版拓片，完好的实物材料等，这些都吸引了众多学者的目光。随着技术的日益精湛，雕版印刷的产品也更加精致化。

2011年2月，经过相关专家的评定，《扬州活字版印刷技艺地方标准》通过。到目前为止，这是国内关于活字印刷技艺的唯一地方标准，该标准中显示了浓厚的地方特色。从20世纪开始，广陵古籍刻印社就投入了大量的人力、物力、财力，运用木活字的技艺修补《四明丛书》等50多部线装书。之后，广陵古籍刻印社又恢复了泥、木、锡、铜、瓷五种活字。

线装书中的“国书”

扬州雕版印刷技艺在2009年9月入选为世界人类非物质文化遗产。值得人们赞扬的是，广陵古籍刻印社成立了雕版印刷技艺传习所，该所专门培养雕版传人、出版雕版图书以及传承雕版技艺，它为弘扬我们悠久的传统文化作出了重大贡献。

广陵古籍刻印社还推出了《扬州雕版印刷丛书》，出版了《论语》和《孙子兵法》《唐诗三百首》等图书。雕版线装图书因其高雅的品位和珍贵的版本而具有很高的收藏价值，由此得到了越来越多读者的欢迎和喜爱，因此，广陵古籍刻印社生产的线装书有了“国书”的美誉。

德格：木与纸的传奇

藏文化的博大，浩如烟海，任何一个人终其一生也无法穷尽其中的奥妙。而一座历经300多年风雨，以海纳百川的气势和胸怀，收集和珍藏了藏域文化传承至今70%经典的“中国历史上伟大的图书馆”，又会埋藏着多少不可思议的故事与传奇呢？

擦着天的佛教寺院

在四川省西北部的德格，有座佛教萨迦派的寺庙——更庆寺。更庆寺内有个印经院，名叫德格印经院，它的全名为“西藏文化宝库德格扎西果芒大法宝库印经院”，也称“德格吉祥聚慧印经院”。据藏文《德格世德颂》记载，印经院系德格四十二世土司却吉·丹巴泽仁始建于清雍正七年（1729年），至今已

德格印经院全貌

有260多年的历史。

关于德格印经院的创建起因有三种传说。第一个传说讲的是一天太阳落山时，当地土司却吉·丹巴泽仁在宫寨外漫步时，梦幻般地耳闻离宫寨30米远的小山包后面传出一群小孩朗朗诵经的声音，于是萌发了刻版印经的念头。第二个传说是说一个叫拉绒的人把自己刻的一部经书版用牦牛驮着去送给土司，在旅途中牦牛受惊，书版落地，丹巴泽仁便认定这是佛的暗示，于是决定在经版散落的地方修建印经院。第三个传说是说德格八邦寺主司徒曲杰久勒预见到土司丹巴泽仁会创建印经院，于是就向丹巴泽仁提出创建德格印经院的建议。丹巴泽仁为弘扬佛法，以帮助世人脱离苦难，便同意了曲杰久勒的建议，并决定铲平小山包用来修建德格吉祥多门聚慧院。

德格印经院藏经阁

木版雕刻印刷的活化石

首先给大家科普一下，如果你去了德格印经院，那么要知道木刻印版算是它最重要的文物了。到现在，德格印经院所藏印版已经有了29万余块，可分为书版和画版两大类。书版根据传统分类可分为六种，即《甘珠尔》、《丹珠尔》、文集、丛书、综合、大藏经单行本。德格印经院所藏的大量书版中，有许多珍本、孤本和范本，如有印度早已失传的《印度佛教源流》，也有《汉地佛教源流》和早期医学名著《居悉》（即《四部医典》）等稀世珍本。德格印经院所收藏的376块旧画版虽然数量不算多，但都很重要且珍贵。德格在历史上是藏族传统绘画“门”派和“噶玛噶则”（早期称“噶派”）派的重要传承地，特别是“噶玛噶则”画派自18世纪以来，已在德格形成了一个中心，并把藏族传统绘画中的“唐卡”艺术融入到了刻版之中，这是德格印经院木制印版的一个重大突破和创新。

木与纸的创奇

为什么我们今天还能用德格的古雕版呢？有这样一个传说：德格印经院的经版之所以刻得那么深，缘于德格土司的奖励制度。土司抓一把金粉撒在经版上，再抚平，陷入文字缝隙的金粉就是刻版工人的工钱；为防止工人把经版刻漏，土司又要求两面雕刻。如果今天都这样开工钱的话，那么什么东西都可以造得很好。

德格印经院新制印版

瑞香狼毒——一个诗意的名字，是一种草本类植物，其根是制造印经院专用纸的特殊原料。因为它有微毒，所以造出的纸张防虫蛀，但对人体无害，而且有明目的疗效。据德格印经院院长泽旺吉美活佛介绍，藏式建筑普遍采光不好，但德格地区的喇嘛很少有害眼病的。

法门敞开，保有一颗礼佛的心

红叶桦木是制作经版的唯一材料，每年秋后，居民们上山选择顺直无结的树干进行砍伐，然后将其截成长10 厘米、宽10厘米、厚4厘米的木块，用微火熏烤后，放进粪池沤制一个冬天。次年将木块取出，用水煮，烘干、推光、刨平后作胚板，再由经过严格考核筛选的刻版工匠，根据技艺精湛的书法家写在纸模上的文字进行雕刻。通常娴熟的工匠每天只能完成一块印版的单面刻制工作，而为了保证刻好，又规定每人每天只能刻一寸版面。印刷完毕后要将印版洗净、晾干并涂上酥油才能入库归位。

在印经院除了造纸，其余的工序基本都被"搬"来了。"印刷"这两个字是被分开操作的。印经由两人合作，一高一矮，相对而坐，印版就放在两人之间的斜躺板上。高坐的人负责放纸及滚墨，矮坐的人则持卷布干滚筒双手推过，酷似完成一个藏传佛教"磕大头"的动作，因此有"印一页经书，如同拜一次佛"的说法。

身雖老

布衣毕昇创奇迹 活字印刷放光彩

印刷术开始应用于唐朝的雕版印刷，之后，经过北宋毕昇的改进和发展，产生了世人皆知的活字印刷术，所以，后人都称毕昇为印刷术的始祖。在毕昇活字印刷术的影响下，一直到清代中期，活字印刷术已历经泥活字、木活字和金属活字（包括铜活字、锡活字和铅活字）等几个阶段，并且在工艺方法上也有不断的发明创造，给后世留下了珍贵的为数不多的活字宝藏。

活字印刷术的发明是印刷史上一次伟大的技术革命，它开创了一种全新的印刷技术，特别是这种技术传到西方后，立即受到使用拼音文字国家的印刷工作者的追捧，并得到不断改进，逐渐成为一种在世界范围内占统治地位的印刷方式。活字印刷术的发明和发展，为更快速地印刷书籍，广泛地传播、交流知识创造了便利条件，因此也帮助更多的人实现了读书的理想，买书、读书不再是平民百姓的一种奢望，它是我们的祖先带给世界人民的福音。

活字印刷术的方法是先制成单字的阳文反文字模，然后按照稿件把单字挑选出来，排列在字盘内，涂墨印刷，印完后再将字模拆出，留待下次排印时再次使用。

2008年北京奥运会使用活字印刷字模组成汉字“和”

毕昇首创活字印刷

作为中国古代四大发明之一的活字印刷术，不仅仅展现了以毕昇为代表的中国古代手工技术者的勤劳与智慧，更代表了一个民族在文化创造上迸发的无穷生命力以及从一个时代文明向另一个时代文明的巨大飞跃。从雕版印刷术到活字印刷术，历史的帷幕悄然拉起，千年之中又有多少盛衰、多少兴叹……

悠扬琴声里，水墨浸染开。舞者蹁跹起，和字荏苒来。2008年北京奥运会开幕式上，灵动多姿的活字印刷元素为观众们呈现出了一场极富中国韵味的视听盛宴，其美宏大、动人。那么，是谁用他的慧眼匠心为后人留下了这样一笔宝贵的财富呢？

雕版印刷的内在缺陷

雕版印刷术诞生于隋末唐初，发展于五代，鼎盛于北宋。它的出现解放了人们的双手，取代了逐字逐句的抄写方式。几百年的发展更使雕版印刷在技术上长进颇多，使用范围也日益广泛。

宋朝商业经济繁荣、文化蓬勃发展，市民阶层知识分子大量涌现，随着精神需求的提升，他们掀起了一场“国民读书热”，使得书籍刊印量大大增加。这时，雕版印刷的缺陷便暴露无遗：第一，每印一页书就得刻一块版，每印一本书就得刻一副版，人力、物力耗费巨大；第二，刻版是体力活更是技术活，刻一部大书往往要花上几年甚至几十年才能完成，耗时极长；第三，一块块书版占据着大量空间，保存不易。简而言之，在宋人对书籍印刷丰富性、快捷性和经济性的需求压力下，雕版印刷由于其内在缺陷而面临淘汰，社会在呼唤一种高效、经济的印刷技术出现。

布衣毕昇的慧眼匠心

让我们做一次穿越旅行，回到北宋年间的一个印刷作坊里，去见证伟大发明的诞生吧！沉闷的作坊间，刻工们都在埋头苦干，忙着雕刻、印刷，个个汗如雨下。日复一日地从事这种枯燥工作，大伙难免无心思考、厌倦生活。但有一个工匠与众不同，他在劳动的同时也积极开动脑筋，想出了一个比雕版印刷更为绝妙的印刷方法，即活字印刷。这个工匠就是多年后因此闻名于世界的毕昇。毕昇只是一个辛勤劳作的普通百姓，他的籍贯、生平经历至今不详，但他创造的活字印刷横跨千年历史长河仍在持续发光发热。这个励志的故事告诉我们，“不要只顾埋头拉车，还要抬头看路”的俗语并非只是说说而已，1000多年前的北宋如此，而今如此，任何想要有所创新的年代都是如此。

当然，毕昇的创新之路并非一帆风顺，正所谓冰冻三尺非一日之寒，这一切还源于毕昇老师的一个托付。毕昇的老师谢清之将凝聚了自己大半辈子心血的《汜胜之农书纂补》交给了他，托付他帮自己刊印并且传播于世。为了完成老师的夙愿，毕昇开始为刻印一事奔波。可是由于资金缺乏，刻印工作一筹莫展。在屡屡遭受别

人的冷落后，他决定自己刊刻、印刷。凭着坚韧的毅力与多次实践，毕昇在宋朝庆历年间（1041~1048年）完成了他的创新发明。毕昇又是心性豁达之人，将自己的印刷技术毫无保留地传授给了师弟们。因有如此德才兼备之人，中国古老的灿烂文化技术才得以流传于世。后人享之受之，当敬之效之。

《梦溪笔谈》

活字印刷的新兴技能

活字印刷术具体是怎么操作的呢？这项伟大的发明在沈括的《梦溪笔谈》中有所记录。

按照沈括所记，毕昇发明的活字印刷术可分为三个主要步骤：制活字、排版和施墨印刷。首先是制活字，他用一种质地细腻的粘土（胶泥）制成一个个像铜钱那样薄的小泥块，然后像刻图章一样在每一块上刻一个字，放在火上烧过，就成了坚硬的活字。常用字刻几个或几十个，如果遇到生僻的字就临时雕刻，用火一烧即可。为了方便使用，将胶泥活字按韵分类依次放在格子中，并在格子上贴上标签。其次是排版，先预备一块铁板，在上面铺上一层松脂、蜡和纸灰一类的东西，再在铁框内按汉字的顺序排满一个个活字，满一铁框就为一版。印书时先把铁框放在铁板上，依照书稿把所需要的活字排在框内。排满版后把铁板放在火上烘烤，使松脂和蜡稍微熔化，再用平板按压一下，使字面平整。等到松脂和蜡凝固了，排版的手续就完成了。最后一步，就是在版上施墨印刷。如果要加快印刷，可以用两块铁板替换，一版印刷，一版排字。前一版印刷完毕，后一版也就准备好了。这样互相交替既可节省时间又可提高印刷效率。

毕昇的发明节省了时间、人力和材料，对刻工和印刷商人极具吸引力。活字印刷术的发明造福了宋代印刷业，造福了宋代文人，促进了知识的交流与文化的传播。同时，在活字印刷过程中，印刷的三个主要步骤——制活字、排版、印刷已经基本完善，尽管在工艺上还略为简陋，但在基本原理上与现代铅字印刷相差无异。

泥活字印书示意图

继承者们的前仆后继

毕昇发明了泥活字和活字印刷术，堪称该领域第一人。但遗憾的是，毕昇在当时用这套泥活字究竟印过多少书，现在已很难稽考了。在毕昇之后，也涌现出了很多泥活字印刷的实践者。如张秀民在《中国活字印刷史》中曾经提到的宋代的周必大，元初的杨古，清乾隆时的吕抚，道光时的李瑶、翟金生等人，他们都对泥活字印刷技艺做出过相关的努力和研究。

1965年，温州市郊白象塔出土的北宋文物首次为世人揭开了泥活字印刷成品的面纱。这里出土了《佛说观无量寿佛经》残页，经文按回旋形排列，经与宋版书比勘，特异之处殊多，具有活字版特征。同处亦出土了写有“崇宁二年五月”的《写经缘起》残页，它与前者纸质相同，色泽相似，故考古学者断定佛经亦为同年之物。崇宁二年五月大致为毕昇发明泥活字50年后，当时温州烧瓷工业发达，有烧制泥活字的物质和技术条件，所以考古学者断言，温州出土的这件佛经残页当为《梦溪笔谈》中关于泥活字印刷记载的确切实物见证。如果此说成立，那么这是目前所见到的最早的泥活字印本，也是世界上第一个泥

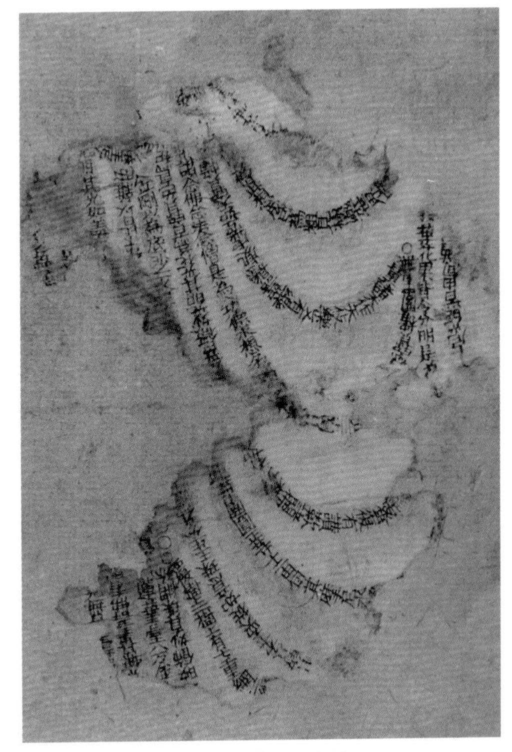
《佛说观无量寿佛经》残页

活字印本。

另一本可信的宋朝泥活字印本，出自做过宰相的周必大（1126~1204年）之手。他曾在1193年仿照毕昇的方法用泥活字印刷了自著的《玉堂杂记》。周必大曾在给友人的信中说，用沈括的方法（实即毕昇的方法）以胶泥铜板，移换摹印，偶成《玉堂杂记》。可惜的是，原印本早已失传，后世难睹其真容。

毕昇为布衣出身，却闻名于后世，他于北宋庆历年间发明的活字印刷术，实为印刷史上的一次伟大革命。在后人的继承中，活字印刷术代代更新，传遍了全世界！它在文化发展与繁荣的过程中功不可没。当你现在手捧着书本，无限幸福地沉浸在知识的海洋中时，可曾想到文字印刷背后蕴藏着的古人智慧的结晶呢？

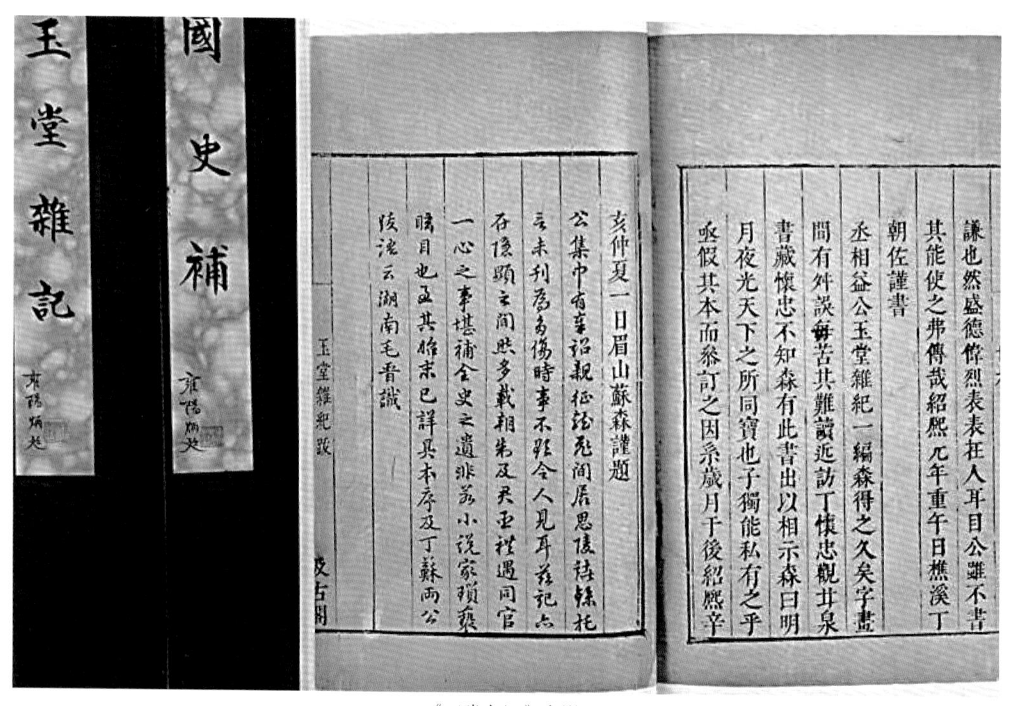
玉堂雜記

國史補

謙也然盛德偉烈表表在人耳目公雖不書
其能使之弗傳哉紹熙元年重午日樵溪丁
朝佐謹書
丞相益公玉堂雜紀一編森得之久矣字畫
間有舛誤每苦其難讀近訪丁慎忠觀甘泉
書藏慎忠不知森有此書出以相示森曰明
月夜光天下之所同寶也子獨能私有之乎
亟假其本而參訂之因系歲月于後紹熙辛

亥仲夏一日眉山蘇森謹題

玉堂雜紀跋

《玉堂杂记》书影

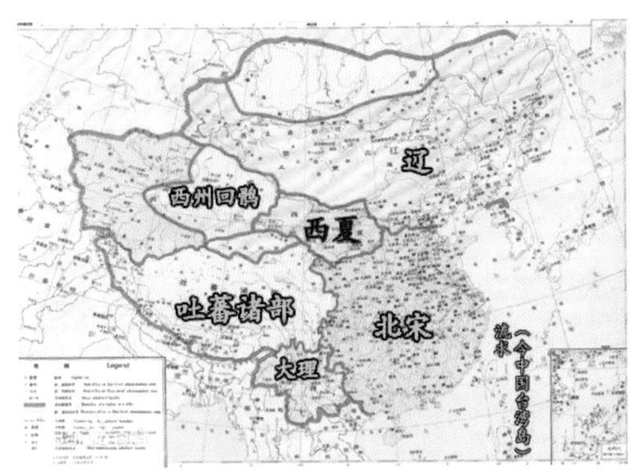

西夏地理位置

党项民族风情——礼佛之国

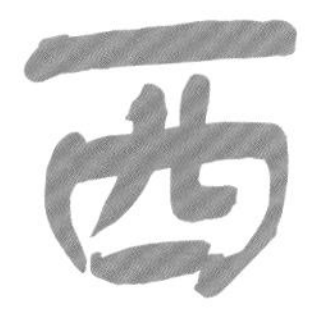

夏泥活字印佛经

美丽神秘的西夏文明

在春风不度的玉门关，在故人西出再难见的阳关，在那片神秘而古老、充满着异域风情的黄沙戈壁，曾有这样一群党项族人，他们在不足200年的历史里，创造出了一个佛教王国，成就了西夏王朝的辉煌。而谈起西夏文明，就不得不提到活字印刷术，就让我们随着这一个个小故事走进这个古老且遥远的国度吧！

文明交融的力量是惊人的：当我们还沉浸在难觅得北宋泥活字印刷传本的遗憾中时，在这片曾经诞生出璀璨的西夏文化的土地上，我们发现了党项族人留下的印刷文明。古老的丝绸之路联结了中原与西夏，文明在此时得到了神秘而震撼的交汇与碰撞。

泥活字的历史研究

我国古代著名科学家沈括在《梦溪笔谈》中记载了北宋时期毕昇发明泥活字印刷的历史。毕昇的泥活字已经用于排版印书，而且效果很好，但是究竟印了什么书？什么式样？既不见传本，也不见著录，现已无法作进一步的考证了。后来虽仿用此法印书的不乏其人，但当时用泥活字印刷的书籍很少流传下来，以

孙寿龄和《维摩诘所说经》(下卷)

致后来甚至有人怀疑活字印刷术是否源于中国，这也令泥活字印刷的研究举步维艰。

1965年浙江温州市郊白象塔出土的《佛说观无量寿佛经》的印刷品残片，宽13厘米，残高8.5~10.5厘米，纸色发黄但质地坚韧柔软，经文按回旋形排列。经与宋版书比勘，特异之处殊多，具有活字版特征，又据同塔出土的北宋文物考证，初步确定为宋泥活字印品。

然而真正令学术界振奋的，当属近年发现的西夏泥活字所印的佛经！武威，古称“凉州”，为河西重镇，西夏王国的陪都，是研究西夏的重要一环。孙寿龄曾是武威博物馆的副馆长，1988年9月，他和同事在武威亥母洞寺遗址清理残存文物时，发现了西夏文佛经《维摩诘所说经》（下卷）。

现存世界上最早的泥活字印本

《维摩诘所说经》为经折装，高28厘米，宽12厘米，总54面，每面7行，每行17字，经名后有西夏仁宗“奉天显道、耀武宣文、神谋睿智、制义去邪、敦睦懿恭”的尊号题款，经同时出土的文书推测该经是仁宗年间（1139 ~ 1193年）印本。

孙寿龄先生分析研究后发现，《维摩诘所说经》具有行距不直、笔画变形、着墨不均、偶有断笔等活字印品独有的特征，与雕版印品有明显区别，他判定《维摩诘所说经》不仅是活字印刷品，而且是泥活字印刷品！

为了增强证据的说服力，他还用三年时间，按照西夏时的技术复原了泥活字技术，并刻版、印刷出了这部佛经。1998年3月31日，在国家文物局和国家文物鉴定委员会主持召开的“西夏文《维摩诘所说经》印本鉴定会”上，专家认为该印本是中国12世纪早期的泥活字版文献！

由孙寿龄先生耗时三年多复活的西夏泥活字印刷品《维摩诘所说经》（下卷）

流传国外的印本

关于西夏活字印本，在国外也有发现。

1958年7月，日本京都大学小川环树教授认为，日本天理图书馆所藏的西夏文《陀罗尼经》残卷为木活字印本，并提出从笔画中可以辨出原字“木理（木纹）”为证。1973年，在印度新德里出版的英人格林斯塔德九卷本《西夏文大藏经》，把西夏藏经版式分为15类，其中第9类是“西夏时代及其后的活字本”。日本西夏学者西田龙雄认为，其中的《维摩诘所说经》印刷粗劣，字体大小不等，应为泥活字印本。俄罗斯是收藏西夏文文献最为集中、最为丰富的地方。20世纪以来，俄罗斯学者对这批文献做了大量的整理、研究工作。1981年，捷连吉耶夫·卡坦斯基明确提出《德行集》等为活字本，但未进行深入的研究。

这些流失海外的文献藏品对我国的历史研究具有重大意义，但却因为种种原因无法确认、核实，让人深感遗憾。

俄罗斯藏黑水城西夏文物

西夏的木活字印刷

史载，北宋毕昇发明了泥活字，元代王祯创制了木活字，但至今未发现可以确认的宋元时期的汉文活字版印本。令人欣慰的是，20世纪90年代以来，西夏故地宁夏首先发现了木活字版的西夏文佛经，打破了长期以来形成的元代发明木活字的说法。西夏文《三代相照言文集》是俄藏黑水城西夏文献之一，是最新发现的现知最早的有题款的木活字印本，这说明西夏、宋代确有木活字印刷。

而中国最早发现的西夏木活字版印本，是1991年8月在宁夏贺兰县拜寺沟方塔废墟中出土的西夏文佛经《吉祥遍至口和本续》（简称《本续》），为12世纪下半叶的印本。《本续》有很多活字版印本的特点：有的反映在墨色上，如墨色浓淡不均、纸背透墨深浅有差；有的反映在字形上，如字形大小不一、笔画有粗有细，字体风格也有差异；尤其在版式上反映得最为集中、最为丰富。1996年11月6日，文化部组织专家进行鉴定，确认《本续》是迄今为止世界上发现最早的木活字版印本实物，它对研究中国印刷史和古代活字印刷技艺具有重大价值。

1917年，灵武县出土的西夏文佛经《大方广佛华严经》是中国现存规模最大的西夏木活字版印本。在此经第5卷有西夏文题记“令雕碎字”，第40卷也有西夏文题记“作选字出力者”。“碎字”即活字，“选字”应是拣字、排字之意。这两条西夏文题记更证实了《大方广佛华严经》为活字印本。

西夏木活字印本是世界上现存最早的活字版印本实物，它将木活字的发明和使用提早到了元代以前，不仅丰富了版本学的内容还为古代活字印刷技艺的研究提供了最新资料，是中国古代各族人民相互学习、相互渗透、共同进步的历史见证，更是活字印刷技术通过丝绸之路向西方传播的重要实物依据。

历史的车轮滚滚向前，只残留下佛塔、古城、废墟在落日里吟唱，等待着我们去揭开它们神秘的面纱、还原历史的面目、重现古文明的魅力。

木活字印刷

巧妙绝伦的木活字

根据毕昇的活字技术思想，任何硬质材料都可以制成活字。沈括也曾说毕昇原来是想按照雕版印刷的方法，以木为原料制作活字，只是因为木材沾了水就会膨胀，版面容易高低不平，而且木材经不起火烤，和铁板上的药物粘在一起不容易取下来，所以才改用胶泥做活字，制作木活字的计划也就未能实现。据考究，宋代已有木活字，但并未得到推广，那么，我们今天所熟知的木活字又是怎么回事呢？发明的时代永远不会结束，发现的步伐也永远不会停歇，且看大农业家王祯与木活字的故事。

传承——木活字再改造

1295年，王祯做了安徽旌德县县官。王祯十分重视农业生产，为了给百姓科普农业知识，他一到任就马不停蹄地总结前人的耕作经验，撰写《农书》。考虑到刊印这个大问题，王祯琢磨着如果用雕版印刷的话花费太高，用泥活字质量又不好，那么何不自己设计一套木活字出来呢。于是，他请来工人按照自己的设计，花了两年时间，刻制出了3万多个木活字。

三年后（1298年），王祯已经熟知当地的风俗民情了，于是动手编了《旌德县志》，这本书6万多字，他那套木活字终于有机会得以施展“身手”了。王祯惊喜地发现，不到一个月，《旌德县志》就印成了100部，并且书本质量和刊版一样好！

又过了两年（1300年），王祯被调到江西永丰县做县令。在这之前，他刚刚写成《农书》，于是他把自己的那套木活字印书工具带了去，准备在那里排印《农书》。而江西作为雕版印刷的大省，出版一部几万字的《农书》自然不成问题，所以等王祯到达永丰时，那里早已经用传统的雕版方法把《农书》印刷了出来，他带去的那套木活字只好被贮存起来。

王祯觉得木活字印刷质量好、效率高，所以他总结了活字印刷的经验，写了一篇《造活字印书法》，记述了包括写韵、刻字、锯字、修字、造轮、取字、存字、印刷等一整套工序。因为木活字本来就是为了《农书》才做出来的，所以他把这篇文章附在了《农书》后面，希望这个印刷方法能够传承下去。《造活字印书法》是最早系统地叙述活字印刷的文章，也是研究我国印刷史的重要文献。

王祯雕像

王祯（1271~1368年），字伯善，元代东平（今山东东平）人，我国古代四大农学家之一。

发明——活字转盘出现

王祯在印刷术上的另一大贡献是创造了活字转轮排字盘（或称转轮排字架）。活字转轮排字盘的主要构架是由轻质木料做成的圆桌面似的大轮盘和轮轴。轮盘直径大概2.33米，轮轴高1米。轮盘是贮存木活字的，可以自由旋转。排版的时候，一个人看着字韵书稿喊出字号，另一人从轮盘上按字号取出需要的活字，植在印版上。这样，两个排字工人紧密配合，操作迅速。王祯还指出，如果植字过程中遇到现存韵书里没有的字，就由刻字临时工刻补。

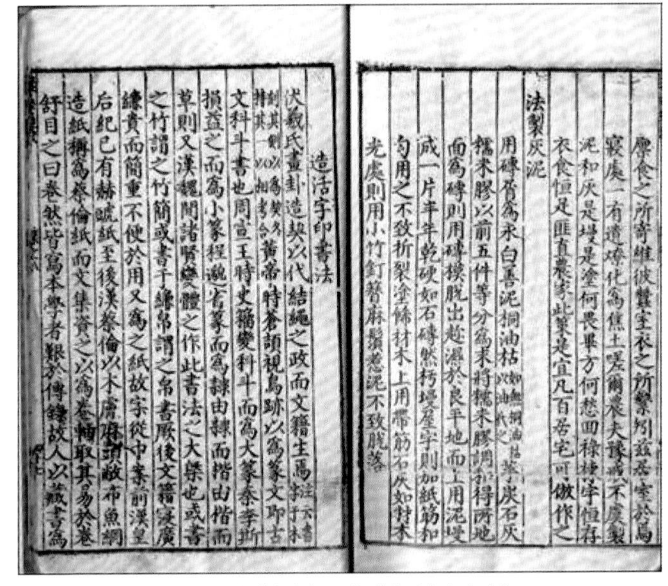

廪食之所寄雖彼豐室衣之所繫列翁吞宇於焉寢處一有遺燼化爲焦土嗟爾衆夫豫戒不虞製泥和灰是塓是塗何畏畢方何愁回祿棲字恒存衣食恒足匪直農家此策是宜凡百居宅可倣作之

法製灰泥

用磚屑爲末白善泥桐油枯（如無桐油枯以油代之）莩炭石灰糯米膠以前五件等分爲末將糯米膠調和得所地面爲磚則用磚模脫出趁濕於良平地面上用泥塓成一片半年乾硬如石磚然栝塓屋宇則加紙筋和匀用之不致折裂塗飾材木上用帶筋石灰如材木光處則用小竹釘簪麻鬚惹泥不致脫落

造活字印書法

伏羲氏畫卦造契以代結繩之政而文籍生焉……黃帝時蒼頡視鳥跡以爲篆文即古文科斗書也周宣王時史籀變科斗而爲大篆秦李斯損益之而爲小篆程邈省篆而爲隸由隸而楷由楷而草則又漢魏間諸賢變體之作此書法之大概也或書之竹謂之竹簡或書于縑帛謂之帛書厥後文籍浸廣縑貴而簡重不便於用又爲之紙故字從巾案前漢皇后紀已有赫蹏紙至後漢蔡倫以木膚麻頭敝布魚網造紙稱爲蔡倫紙而文集資之以爲卷軸取其易於卷舒目之曰卷然皆寫本學者艱於傳錄故人以藏書爲

附在王祯《农书》里的《造活字印书法》

虽然王祯创造的这副木活字在明朝万历年间（1573~1620年）已全部失传了，但不可否认的这是一部从全国范围内对整个农业进行系统研究的巨著。其内容包括《农桑通诀》《百谷谱》和《农器图谱》，几乎包括了所有传统的农具和主要设施。该书图文并茂，农具史料十分详细，后代农书中所述农具大多以它为范本。

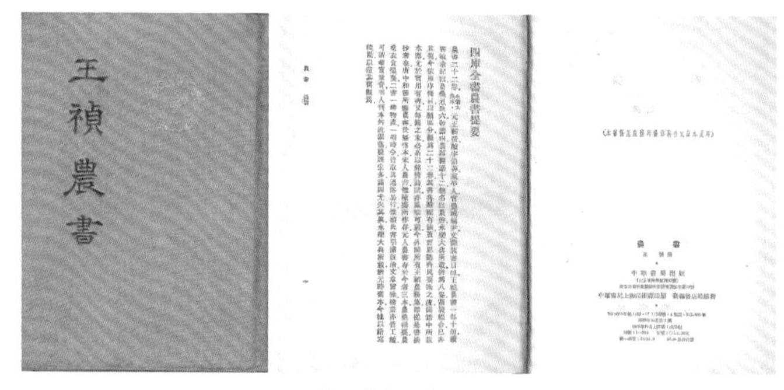

《王祯农书》书影

是，他对宋以来的木活字技术作了许多改进，使得操作过程更为迅速、简便，技术更加完善。而他的《造活字印书法》详细地讲述了木活字全套技术，在推广木活字印刷方面起到了重要作用，对后世木活字技术的重新发展产生了深远影响。

木活字排版和刷墨过程（据王祯《农书》所言，右边是排字工在利用转轮排字盘排版，左边是印刷工在印刷）

回鹘文木活字

罕见回鹘文木活字

存世最早的木活字

敦煌回鹘文木活字是世界上现存最早的活字实物，也是世界上现存最早的含有以字母为单位的活字实物。它们的发现说明在我国中原地区发明活字印刷术后不久，这一技术就已经传入了西夏和回鹘地区，并在今天的宁夏、甘肃、新疆等广大地区得到了广泛的应用。

敦煌莫高窟不仅出土了千余枚回鹘文木活字，还出土了数以万计的回鹘文文献。这些文献对研究敦煌古代民族，其中包括回鹘的历史、宗教和文化有重要的价值。文献中的千余件印本，为我国古代印刷术的研究提供了丰富的前所未有的资料。通过对这些印本和活字实物的整理与研究，专家们了解到回鹘印刷业在元代取得了辉煌成就，吐鲁番和敦煌在当时分别成为西域与河西地区回鹘印刷业的中心。同时，杭州和大都（今北京）也都曾印制过回鹘文佛经，在王祯之

莫高窟留给了我们太多神奇的瑰宝，960枚回鹘文木活字揭开了又一个民族神秘的面纱。一个人守候了回鹘文木活字一生，在这背后，我们也看到了一个民族对文明的敬畏与坚守，看到了文明复兴最初的希望。回鹘文木活字蕴含了西方字母活字形成的基本原理，证明了中国是首创字母活字印刷的国家。

巴黎吉美亚洲艺术博物馆

前回鹘人就已经开始使用木活字印刷了。

不仅如此，智慧的先民们还把自己所掌握的印刷技术进一步传向了西方国家。在古代回鹘语乃至今天的维吾尔语中，有这么一个词“bas”，意为“印刷”，并且还有“复制”“刊登”“盖章”“压制”等多种含义。有意思的是，在今天的波斯语中，与印刷术有关的语词，大多都借自于维吾尔语中的“basma”。

回鹘文木活字的发现之旅

在敦煌莫高窟先后四次发现了回鹘文木活字实物，它是迄今我国唯一发现回鹘文木活字的地方。

“1908年5月23日，星期六。在181窟找到了用来印刷的许多方形的蒙古文活字，同时还发现了一些西夏文印刷品残卷。”这是法国汉学家伯希和在《敦煌石窟笔记》中关于敦煌木活字发现经过的一段现场记载。当时伯希和率领法国中亚考察队在敦煌千佛洞进行全面勘测和考察，随后他们在莫高窟北区的第181窟的积沙中，发现了许多文献及960枚木活字。由于发掘过程比较匆忙，伯希和误认为这些回鹘文木活字是蒙古文木活字。之后，他从看管莫高窟藏经室的道士手中，以极其低廉的价格“收购”走了大量珍贵文献和艺术精品，包括这960枚回鹘文木活字。这些木活字被

敦煌莫高窟北区

带回法国后，最终由巴黎吉美亚洲艺术博物馆收藏至今。

第二次是俄国人奥登堡率领的考察队于1914年在莫高窟北区洞窟中盗掘时，发现的共计130枚回鹘文木活字，这些木活字现存于俄罗斯圣彼得堡艾尔米塔什博物馆。

第三次是1944 ~ 1949年间，国立敦煌艺术研究所收集的6枚回鹘文木活字。

第四次是敦煌研究院考古所于1988~1995年发掘莫高窟北区时，发现的48枚回鹘文木活字。

雅森·吾守尔在吉美亚洲艺术博物馆对回鹘文木活字进行拓印

这四次发现的回鹘文木活字大小、形制、质地、构成完全相同，均宽1.3厘米，高2.1~2.2厘米，厚薄依据该木活字所表示符号的大小而定。每枚木活字表面均有墨迹，这就说明它们曾经被用来印刷过书籍。专家推测，这些木活字应产生于12世纪到13世纪上半叶之间。

雅森·吾守尔与回鹘文木活字的不解之缘

作为维吾尔文献和历史研究的专家，雅森·吾守尔早在20世纪90年代初就开始了对回鹘文木活字印刷的探索，他的探索为研究中国活字印刷术的发明及其早期传播带来了质的突破。

对于收藏于吉美亚洲艺术博物馆的960枚回鹘文木活字，雅森·吾守尔说，这批活字是我们老祖宗的遗产，即使无法让它们现在回到祖国，他也要尽力去证明这些活字的价值！在巴黎时，雅森·吾守尔就已经下定决心，要把这960枚回鹘文木活字全部拓印下来带回祖国。几经交涉，他终于说服了吉美亚洲艺术博

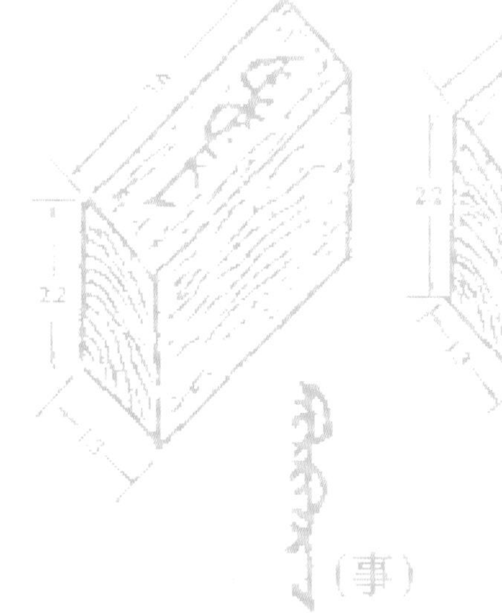

(敬)　(信)　(七)　单位：cm

物馆馆长，使博物馆方面同意了他的请求。之后，雅森·吾守尔就一头扎进了博物馆中。他每天在博物馆的文物仓库里重复做着同样的动作：将960枚回鹘文木活字一枚一枚地沾墨，小心翼翼地印在国产宣纸上，再把活字一枚一枚地清理干净，放回木盒中。

在常人的眼里，拓印文字是枯燥而单调的工作，然而，随着每一个活字跃然纸上，雅森·吾守尔以他对回鹘文研究的深厚造诣，迅速而敏锐地意识到了这批回鹘文木活字的价值——这些木活字中有字母活字。当他结束了全部的拓印工作后，便带着拓满回鹘文木活字的5大张宣纸回到了国内。随后，雅森·吾守尔对这些回鹘文木活字进行考察和研究，发现这批活字分别以词、音节、语音为单位，与中原汉字活字和西夏文活字的以字、词为单位不同，它是根据本民族语言和文字的特点对汉字活字印刷术进行的改进。这表明了回鹘文木活字在那个时候就已经蕴涵了西方字母活字形成的基本原理，证明了中国是首创字母活字印刷的国家。

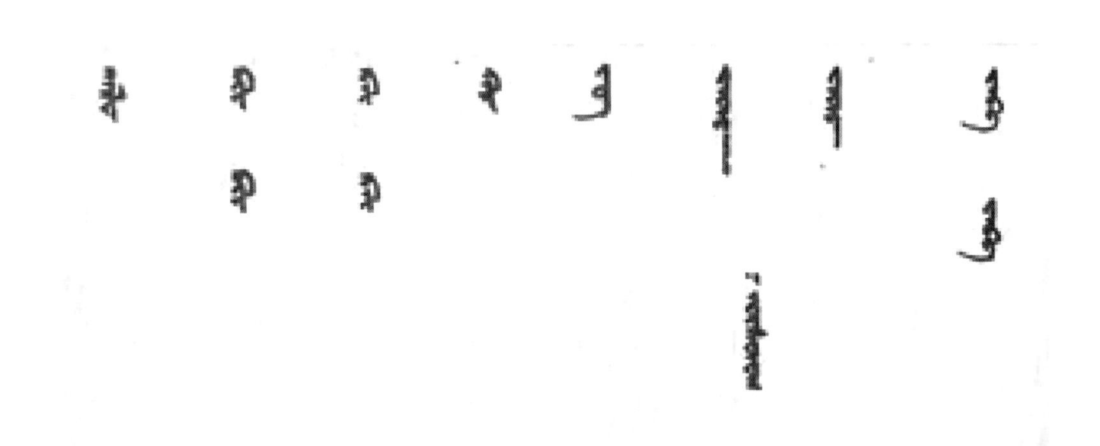

回鹘文木活字拓印

活字印刷

明代木活字印刷术

兴于宋的活字印刷术，在明代大放异彩。传统的雕版印刷发展成为木活字印刷，大大降低了印刷成本。印刷术不再仅仅用于印刷百家经典，还致力于社会新闻、家谱的书写；不再仅仅成为官方所有，也在民间广泛使用。至此，中国印刷术的发展达到了一个新的高度。

活字印刷代代新，木活字大放光彩

谈到中国古代的印刷术，大家第一时刻想到的大抵是北宋的毕昇，但是对于神奇的木活字，大家又了解多少呢？木活字是用于排版印刷的木质反文单字，取梨木、枣木或者杨柳木雕成。因为其取材方便，成本不高，制造起来又比较简单、迅速，所以成为我国活字印刷史上常用的一种活字。但它的缺点是木料纹理疏密不匀、刻制困难、沾水后容易变形以及和药剂粘在一起不容易分开。

明代的木活字印刷相较元代大为流行，尤其万历年间（1573~1620年）印本更多。明代胡应麟（1551~1602年）云：“今世欲急于印行者，有活字；然自宋已兆端……今无以药泥为之者，惟用木称活字云。”清代魏裕云：“活板始于宋……明则用木刻。”清代龚显曾云：“明人用木活字板刷书，风乃大盛。”从以上三人的说法以及流传的实物来看，明代的木活字印刷确实比较普遍。

现存最早的明代木活字印本为弘治年间（1488~1505年）排印的《鹖（hé）冠子》一书，其版心下刊署有“碧云馆活字板”字样，原为清代马裕家藏本，乾隆修《四库全书》时，由两淮盐政李质颖送呈，或云后来的武英殿聚珍版即是受此本启发而成，因而其在明代木活字印本中极享盛誉。

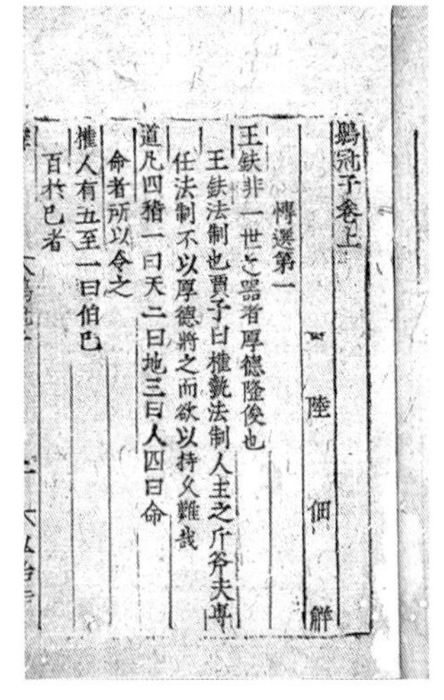
鶡冠子卷上
陸　佃　解
博選第一
王鈇非一世之器者厚德隆俊也
王鈇法制也賈子曰權勢法制人主之斤斧夫專
任法制不以厚德將之而欲以持久難哉
道凡四稽一曰天二曰地三曰人四曰命
命者所以令之
權人有五至一曰伯已
百於己者

明碧云馆活字本《鹖冠子》，每半页10行，行20字，白口，四周单边，注大字低一格。版心镌有“碧云馆”“弘治年”或“活字本”等字样。目前所知碧云馆刻书传世仅此一部。正如书中袁克文跋云“此本为聚珍丛书所祖，且明活字本传世绝希，至足宝也”。

王朝政府未兴，藩府民间风行

明代王朝政府未闻大量用活字印书，但不论是藩府还是民间的书院、私人均曾用木活字印书，其范围遍及四川、江苏、浙江、福建、江西、云南等地，且多采用宋元传统技术。

分封各地的藩王为表示崇文好学，附庸风雅，大量雕印书籍，所印书籍称“藩府本”。藩府本中有少数也采用活字印刷，如蜀藩朱让栩于嘉靖二十二年（1543年）所印的宋代苏辙的《栾城集》，益藩于万历二年（1574年）所印的元代谢应芳的《辨惑编》和《辨惑续编》等。宋元时已有不少书院刻书，而书院有活字则起于明代。常熟人钱梦玉曾以东湖书院活字印行其师薛方山中会魁的三试卷。明代私人有活字的如南京拔贡李登，其用家藏“合字”印行自著的《冶城真寓存稿》数百本，以送友人。嘉定人徐兆稷借人家的活版，印行了其父徐学漠所著记载嘉靖一朝掌故史料的《世庙识余录》26卷。活字版可以自用，又可借他人使用，这是为雕版所不及的。

明代木活字印本中有书名可考者约100余种，多为万历年间印本，弘治以前的极少见，且多未详出版者与出版地。有地名可考者，除成都、建昌、南京等处外，又有杭州、吉安、福州等地，而以苏州、常熟一带为盛。

明嘉靖年间木活字本《栾城集》

邸报家谱广为流传

明代用木活字排印的书籍，题材范围极其广泛，包括小说、美术、科学、技术等，其中家谱和方志最为普遍。

尤为值得一提的是，从1638年起，北京发行的明政府公报——《邸报》也用木活字排印。以活字印邸报是新闻史上的一大进步。《邸报》上登载的多是官方发布的政府文件和朝政消息，事关边防机密的则禁止透露。崇祯时兵部尚书陈新甲，就因为在《邸报》上泄露了他奉派出使秘密向清方求和的消息，被处死了。由于《邸报》上也登载一些奇闻怪事，因而颇受朝野人士的欢迎。那时，北京也有经政府批准的民间自设的报房，所发行的报纸通称为《京报》（有时也混称《邸报》或《邸钞》），所载内容与官方《邸报》区别不大，可以公开出卖，接受订户。《京报》开始是抄写的，后来也使用活字印刷。

明朝晚期，浙江一带开始用木活字来排印家谱，但流传于世的极少。明清时期，浙江纂修家谱蔚然成风，几乎村村有祠堂，家家有家谱。随着家族的繁衍迁徙，家谱中族谱、宗谱、支谱、房谱、派谱等门类增多，数量大量增加，加上各本家谱一修再修，因此满足大量家谱的印刷需求成了木活字印刷技术赖以传承和发展的基础。木活字印刷技术具有工具便于携

清初学者顾炎武（号亭林）在他著的《亭林文集》中说：“忆昔时邸报，至崇祯十一年方有活版。”

带、印刷便利快捷、费用经济实惠的特点，因而也就自然顺应了这一社会需求。家谱中版面文字虽然不多，但文字与线条或大或小、或短或长、或横或竖，变化较多。随需摆印，折装灵活，是木活字印刷术的所长之处，正好满足家谱文体的需要。据已录入《浙江家谱总目提要》的各种版本形式的家谱统计，目前存世的12775种谱籍地为浙江的家谱中，木活字本有9303种之多，占了73%。现存于世的明代浙江家谱有103种，其中木活字本有13种，最早的为《东阳庐氏家乘》（隆庆年间刊印，残4册），现存于国家图书馆。

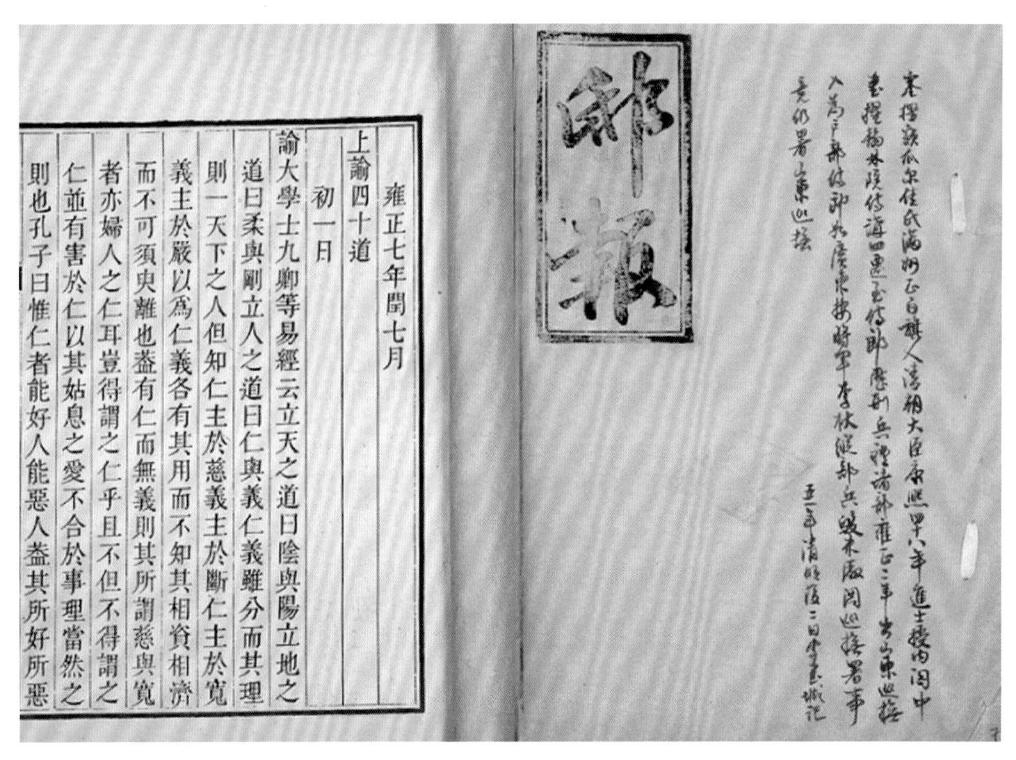
邸報

雍正七年閏七月
上諭四十道
初一日
諭大學士九卿等易經云立天之道曰陰與陽立地之道曰柔與剛立人之道曰仁與義仁義雖分而其理則一天下之人但知仁主於慈義主於斷仁主於寬義主於嚴以爲仁義各有其用而不知其相資相濟而不可須臾離也葢有仁而無義則其所謂慈與寬者亦婦人之仁耳豈得謂之仁乎且不但不得謂之仁並有害於仁以其姑息之愛不合於事理當然之則也孔子曰惟仁者能好人能惡人葢其所好所惡

《邸报》

清代泥活字领风骚

清代时泥活字印刷占据了主流地位，深受世人的喜爱。吕抚发明的泥版印刷工艺集活字版和雕刻版之长，是我国印刷工艺史上的重要一笔；身居盐务重位的李瑶参照毕昇的泥活字方法发明了“仿宋胶泥版”，卖文以致富；贫困的秀才翟金生潜心研究毕昇遗法，终于实现了制书梦想；徐志定则别出心裁，发明了瓷活字。

清代的泥活字印刷在当时已领风骚，但由于印本传世很少，所以显得弥足珍贵。对于现存的泥活字书籍，我们应该加以珍惜。

活字雕版牵红线，泥版印书出新篇

吕抚是我国清代著名的藏书家，他15岁入县学，嗜书如命，精通天文、地理、兵法等，而且还用活字泥版印书的方法印刷了自己编著的《精订纲鉴二十一史通俗演义》。在书中他也将制字制版的方法记录了下来，弥补了毕昇泥活字印刷技艺没有详细文字记载的遗憾。与前人的活字印刷技艺相比，吕抚活字印刷的出众之处就在于他采用了活字印刷与雕版印刷相结合的方法。以活字印刷法造字母，用雕版印刷法在泥板上挤压制字，制成的印版既不是单纯的活字版，也不是雕刻版，而是兼具二者特征的升级版。吕抚的泥版印刷本是研究我国印刷工艺的重要文献资料，他为我们留下了一笔宝贵的财富。

李瑶泥活字，卖文也成商

清道光年间，苏州人李瑶寄居杭州时，用泥活字排印了清代温睿临的《南疆绎史勘本》，并且还在引用书目后叙述了制字排印成书的经过。从张秀民先生所著的《中国印刷史》一书中我们了解到，李瑶那时身居盐务一职，“借钱印书，雇工十余人，在二百四十多天内，印成《南疆绎史勘本》五十八卷，八十部”，足见李瑶泥活字印刷的速度之快。那么，本可以安享平静生活的李瑶，为何不辞辛劳为此呢？原来，颇有经商头脑的李瑶发现印书也是赚钱的好方法。

也许这种现实性的目的会让我们感到失望，但是我们不能否认李瑶对活字印刷所作出的贡献，此种文化效益是不容忽视的。

两年后，李瑶又用泥活字排印了《校补金石例四种》，在自序及前封面中，他将编辑、校补、制字、排印经过等进行了较详细的叙述。在自序中他说是用自制的“仿宋胶泥版”印刷的，这说明他是按照毕昇的泥活字方法来印的。

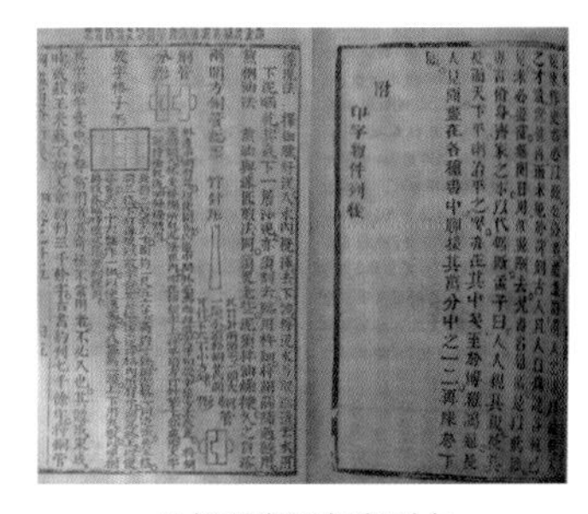

吕抚活字泥版印刷本

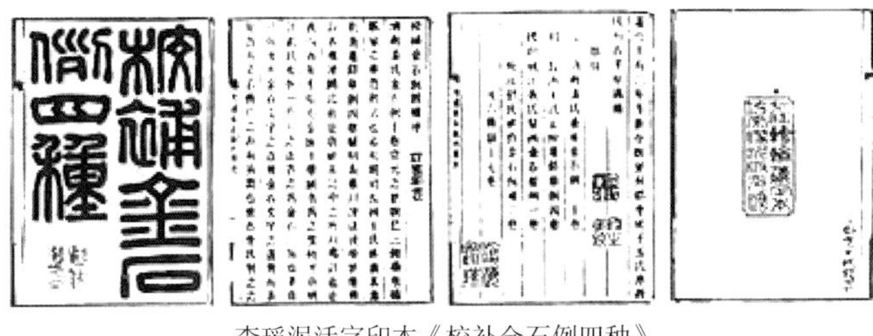

李瑶泥活字印本《校补金石例四种》

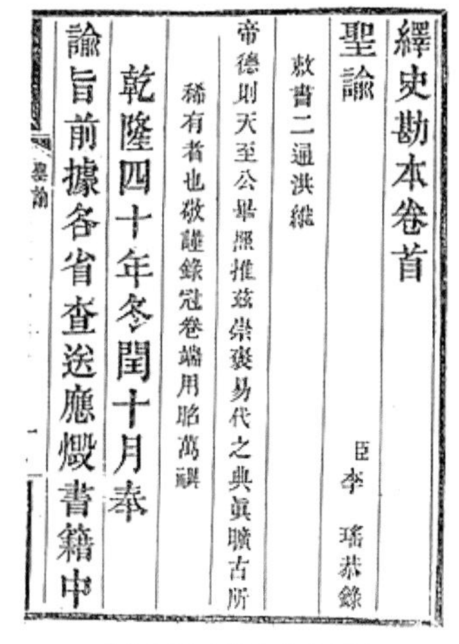

繹史勘本卷首

聖諭

敕書二通洪維

臣李瑤恭錄

帝德則天至公舉搜推兹崇褒易代之典眞曠古所

稀有者也敬謹錄冠卷端用昭萬禩

乾隆四十年冬閏十月奉

諭旨前據各省查送應燬書籍中

《南疆绎史勘本》印刷本

一生筹活版，半世作雕虫

“一生筹活版，半世作雕虫”，说的是清道光、咸丰年间的知识分子翟金生，以30年的心力用毕昇遗法自制泥活字印书的事迹。

翟金生是安徽泾县农村里的一个秀才，以教书为生，能诗善画，颇有艺术才能。尽管他是一个教书匠，但他却不甘于在教书中度过一生。由于雕版费用巨大，爱书却又家贫的翟金生便萌生了自己动手研制泥活字用来印书的想法，于是他对沈括《梦溪笔谈》中所载的泥字排版印刷产生了兴趣。功夫不负有心人，最终他亲手制作的宋体泥字——分大、中、小、次小、最小五号——达10万多个。道光二十四年（1844年），翟金生试印了自己写作的诗集，名

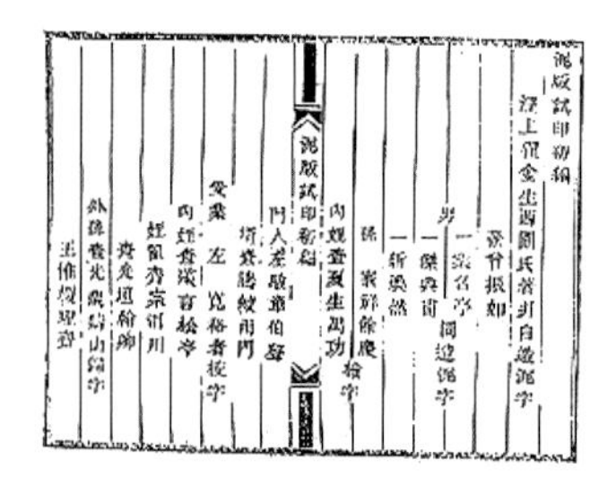
泥版試印初編

泥版試印初編

翟金生《泥版试印初编》

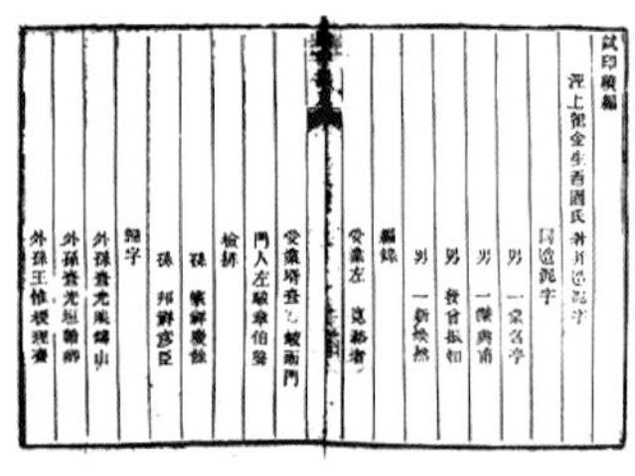
試印續編

翟金生《泥版试印续编》

为《泥版试印初编》，后来又排印了《泥版试印续编》。在书中，他以五言绝句咏自刊、自检、自着、自编四首，兹录诗句原文如下：

自刊：一生筹活版，半世作雕虫；珠玉千箱积，经营卅载功。

自检：不待文成就，先将字备齐；正如兵养足，用武一时提。

自着：旧吟多散佚，新作少敲推；为试澄泥版，重寻故纸堆。

自编：明知终覆瓿，此日且编成；自笑无他技，区区过一生。

道光二十七年（1847年），翟金生排印了黄爵滋的诗集——《仙屏书屋初集》。由于工作繁重，尽管翟金生呕心沥血，也难免出现错误。虽然黄氏的三个儿子又进行了校正，但书中的错误还是不少，因此黄爵滋于道光二十九年（1849年）路过苏州时又把它刻成了木版，名《仙屏书屋初集年纪》，共31卷。道光三十年（1850年），翟金生又排印了黄爵滋所撰的《仙屏书屋初集诗录》16卷、《后录》2卷。黄爵滋在《仙屏书屋初集》中称颂翟金生"君不远千里以求人材，不惜时日以尽其业，扩宋代宝藏之秘，踵我朝聚珍之传，此其有裨载籍，将为不朽功臣"，这段话既肯定了翟金生在印刷上的功绩，也体现了黄爵滋对这位老朋友的崇敬之情！

翟金生83岁高龄时，命其孙翟家祥以这套活字排印了明嘉靖年间翟震川所修辑的翟氏宗谱，名为《水东翟氏宗谱》，为翟氏后人研究本族历史提供了很好的资料。

泰山徐志定，瓷版又出新

清代的活字印刷，除沿用泥、木、锡、铜、铅等活字外，还出现了瓷活字，用我们现在的话说是富有创新意识的。清代金埴的《巾箱说》云：“康熙五十六七年间，泰安州有士人，忘其姓名，能锻泥成字，为活字版。”金埴所说的泰安士人即是泰山瓷版印刷的开山鼻祖徐志定。瓷版印刷以瓷土为材，阴干适度后，将字样反贴于版上，经雕刻后烧制即成。瓷版印刷不仅克服了雕版印刷和铜活字、泥活字印刷等造价昂贵的不足，而且不受温燥寒暑影响，经久耐用。据文献记载，徐志定发明瓷版后曾用它刊行过同乡张尔岐的《周易说略》与《蒿庵闲话》两书，书中字体大小均匀。但由于封建社会的束缚，这些书在当时没能大量印刷，也没有得到应有的重视和保存，所以很多瓷活字印本早已散失了。

在这里值得一提的是，徐志定瓷版书籍印本的发现颇费周折。瓷版《周易说略》成书于康熙年间，后被我国近代实业家荣德生先生收藏。荣先生在1952年临终前，嘱其家人将包括《周易说略》在内的大公图书馆藏书捐赠给国家，后来这些书为无锡市图书馆接管。而关于《蒿庵闲话》的获得，中间还有一段小插曲。1961年，济南旧书店购得了《蒿庵闲话》，本以为这就是唯一的印书了，可说来也巧，《蒿庵闲话》分一、二两卷，分装订成两册，第一册原由山东王献唐（近代考古学家、版本目录学家）收藏，因为缺第二册，就请当时喜爱收藏文献的路大荒协助访求。时隔一月，路大荒就在山东章丘找到了，两册在纸色、装订等方面完全一样。就这样，一部散失已久的书居然又奇迹般地复归完整了。

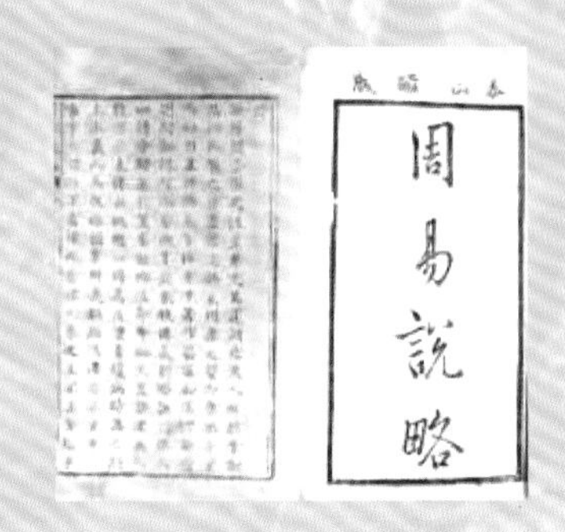
周易說略

瓷版《周易说略》书影

木活字版

清代木活字版技术

清代木活字版技术发展迅速，大大降低了印刷成本。清政府对此高度重视，在宫中武英殿设修书处（相当于国家出版总局），使用木活字刻印了大量典籍，而在民间，营业性书坊也纷纷效仿，使用木活字印书，于是呈现出了一派百花齐放、百家争鸣的兴旺景象。

中央官营，尽在掌握

名姓昭昭见梦溪，千年行迹至今迷；
英山考古有新获，识得淮南老布衣。
神主毕升伴妙音，模糊岁月尚堪寻；
半边皇字尚留白，一字分明值万金。
一颗摩尼不染尘，双圆日月字轻分；
皇权年号同仇忾，斧凿还应是义民。
一石广招万口传，披荆斩棘共跻攀；
读碑我慕杨观海，雕字分明是宋刊。

这首由国家文物鉴定委员会副主任委员史树青老先生所赋的诗，将我们带回到了方块印刷的墨香之中。

清政府在宫中武英殿设置修书处，专掌修书、刻书之职，并选派翰林院词臣负责管理，任用博学的词科学士参与编校刻印，另召雇各类工匠担任雕版、刷印、装帧工作。从此，武英殿成为了清朝的国家出版总局，这里所出的书统称为“殿本”或“殿版”，这些可都是“大牌、大成本、大制作”！

乾隆皇帝在修大部丛书《四库全书》时，就下令刻印从明朝《永乐大典》中辑出的大批失传古书。当时就任馆内的朝鲜籍“副总裁”金简，考虑到如果用雕版印如此大量的书籍，那么工本费、工资补贴都将是一个不小的数字，因此他向“董事长”乾隆建议改用木活字印刷。他在1773年给乾隆皇帝的奏折中说，刻一部司马迁的《史记》，工料费大约为1400多两银子，如果用木活字印刷，那么连工带料也不过1400多两银子，而且有了这部木活字，什么书都可以印，既省钱又便当。乾隆皇帝看后，立即批了“甚好，照此办理”。而后，武英殿就开始刻制枣木活字，于第二年就完成了，共刻了253500个活字。这些活字先后被用来印书134种，共2300多卷，是我国历史上规模最大的一次木活字印书活动。乾隆皇帝认为活字版的名称不文雅，就把它改称为“聚珍版”，因此这些活字印本书就叫作《武英殿聚珍版丛书》。

乾隆四十三年（1778年），金简总结了上次印书的经验，写成了《武英殿聚珍版程式》一书。这本篇幅不长但图文并茂的书，用木活字排印，堪称印刷技术方面的专著。全书共7000多字，分16目，从制造木子、刻字到排版、校对、印刷等一套操作技术，都有详细具体的记载，并一一绘图进行说明。它是历史上第一本由最高统治者批准出版的印刷技术专著，也是历史上第一个由政府颁布的活字标准。这篇杰出的木

武英殿于康熙十九年（1680年）设立，最初为武英殿造办处，后改名武英殿修书处，其下分设监造处、校对书籍处。监造处专掌监刻书籍，再分设铜字库、书作、刷印作。校对书籍处负责书籍付印前后的文字校正工作。至嘉庆之后，武英殿才逐渐走向衰落，同治八年（1869年）武英殿被烧毁。

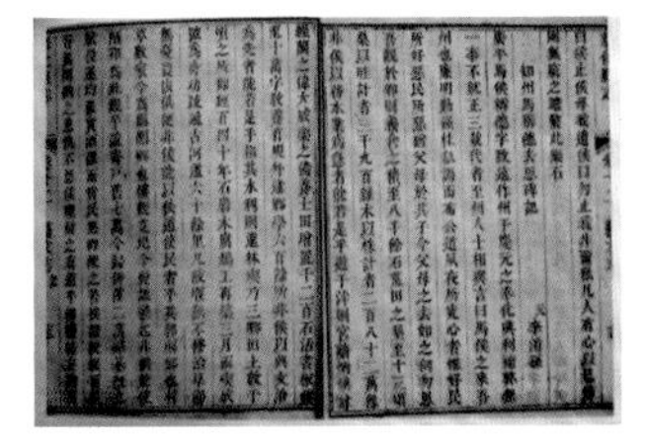

乾隆年间木活字印本《武英殿聚珍版丛书》书页

金简

活字印刷文献不但为研究中国的活字印刷技术史提供了最为详尽的材料，而且体现了18世纪中国印刷工厂在标准化生产与质量控制等方面的整体管理水平，同时也为世界的标准化发展史谱写了闪光的一章。

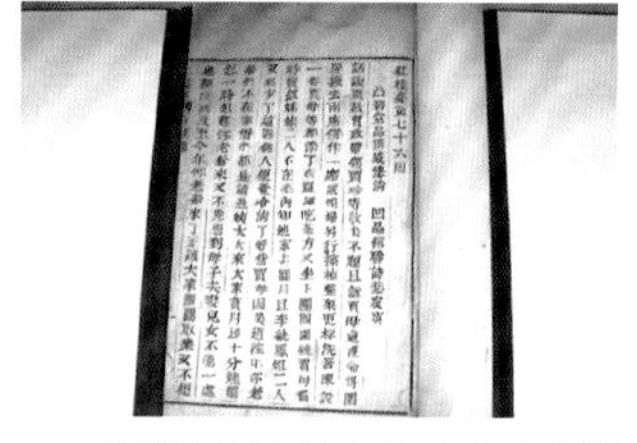

乾隆年间木活字印本《武英殿聚珍版丛书》书页

地方民营，开枝散叶

由于乾隆皇帝为木活字取了“聚珍”的雅名，提倡用木活字排印《武英殿聚珍版丛书》，从而民间闻风而起，纷纷效仿。木活字印刷在民间的广泛使用，大大超过了元明时代。

民间的木活字印本，影响较大的是乾隆五十六年（1791年）和乾隆五十七年（1792年）萃文书屋排印的由曹雪芹著、高鹗续的《红楼梦》120回。书前有图赞24叶及图赞序文，均为刻版，封面题刻有“新镌全部绣像红楼梦，萃文书屋”，卷末题有“萃文书屋藏版”。

还有一些营业性书坊也采用木活字印书，像清朝末年北京的聚珍堂就排印了大量的通俗小说和鼓词。南方的苏州书坊还翻印了日本人林衡编的《佚存丛书》，该书汇集了中国久已失传而现存于日本的中国古籍17种111卷，其中弃取都很精审。在上海，有的人还同时开办书局，一面用木活字印书，一面卖书。总之，南方许多省份和北方的河北、河南、山东以及西北地区都有木活字印本。现在流传的清代木活字印本大约有2000种，内容涉及很广，其中以历代诗文集和通俗文学作品较多。好东西总是金贵的，印刷本只有几部、几十部，真是让人扼腕痛惜！

当时印书数量最大的是家谱。那时江浙一带有专门以排印家谱为职业的“谱师”，每当秋收以后，他们就挑起活字担子，5人或10人一伙，走乡串镇，为人家印家谱。直到现在，浙江温州东源文化村还保留着800年前木活字印刷的传统技艺，而且至今仍在使用。这项古老的技艺不仅是中国仅有的，也是世界仅有的。你是否想去瞻仰印刷文化的遗光呢？

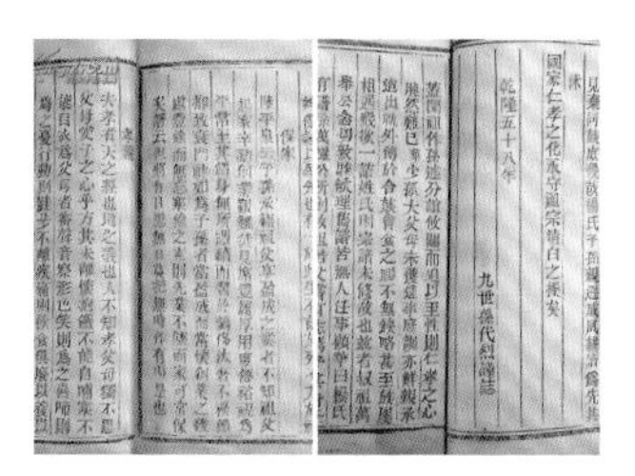

清光绪木活字版《孝思维则-杨氏宗谱》

家谱也叫族谱，主要记载一姓的世系和重要人物的事迹。它开始于宋朝而盛行于清朝。在清朝，使用木活字制作家谱几乎流行于整个南方，其中尤其以江浙两省为盛。

活字印刷

活字印刷

铜活字“登场显身手”

铜活字是以铜铸成的用于排版印刷的反文单字。至明代，铜活字印书大规模流行于江南地区，并涌现出了极负盛名的印刷大家——华家和安家。他们不仅大胆地使用了铜活字印书的方法，而且乐于创新，解决了许多棘手的技术问题，为活字印刷术的发展铺平了道路。

“镌金刷楮”初亮相

明代崇祯年间有一本书叫作《梦林玄解》，在印刷史上十分有名。它实际上是一部讲如何圆梦的书，但让它出名的，却是因为书里有一条与“铜版印刷”有关的材料，引起了科技史研究者的关注。很多学者都希望能通过这条记载，证明在北宋时期我国就发明了铜活字版印刷技术。

《梦林玄解》中有一篇北宋人孙奭的文章，是给一本叫《圆梦密策》的书作的序，里面说道：“丙子春二月，偶经兰溪道上，遇一羽衣……因出其书八卷，稽首授愚，辞舟而去……用不敢私，镌金刷楮，敬公四海。”说的是他从一名道士手中得到了这本书，之后把它印刷出版了。“镌金刷楮”四个字，从字面看包含雕刻金属字版和印刷成书两个过程。但《圆梦密策》序文所署时间为景祐三年（1036年），而孙奭卒于此前的明道二年（1033年），明显不可信。不过宋代人的文章中确实有“镌金刷楮”的说法，这一说法与中国印刷史的研究有重大关系。

其实，金属活字起源于宋代的铜版纸币。纸币票面印有料号、字号，每张钞票不同。在钞票铜版上留出四方的空位，填植活字后就形成了完整的钞票铜版，这样的料号、字号就使得纸币具有了防伪的功能。其中每个字都取自《千字文》，两个铜活字可以得到499500种编号。

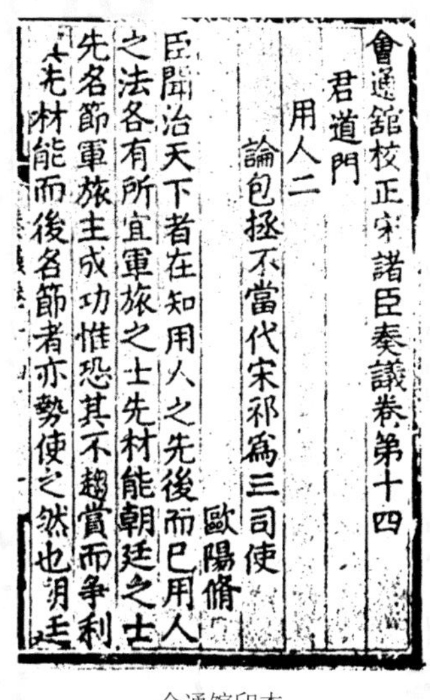
會通館校正宋諸臣奏議卷第十四
君道門
用人二
論包拯不當代宋祁爲三司使　歐陽脩
臣聞治天下者在知用人之先後而已用人
之法各有所宜軍旅之士先材能朝廷之士
先名節軍旅主成功惟恐其不趨賞而爭利
先材能而後名節者亦勢使之然也朝廷

会通馆印本

“红”遍江南

铜活字的大规模制作和流行，是明代弘治、正德、嘉靖年间（15~16世纪之交）的事情。在弘治和正德年间（1488~1521年），江苏的苏州、无锡、常州、南京一带，就有不少富商办书坊制造铜活字用以印书，其中最负盛名的是无锡的华家和安家，他们用铜活字印的书籍数量最多，并有印本流传下来。

自幼融会贯通的华氏奇才

无锡的铜活字印书起源于明代弘治、正德年间的华氏家族。华氏家族在无锡曾是望族之最。据县志记载，仅仅在明清两代，无锡华氏就出了37名进士，绝对是书香门第。华燧在家族的熏陶之下，耳濡目染，“少于经史多涉猎，中岁好校阅同异，辄为辨证，手录成帙。遇老儒先生，即持以质焉。既而为铜字板以继之，曰：吾能会而通矣，乃名其所为‘会通馆’”。这位华氏奇才真是虚心求学又颇为自信呢！以今天的标准来看，华燧是当之无愧的“富二代”，后来因为购书家渐中落，但他却淡漠不惜，实在令人可叹。

《藏书纪事》

范铜制出胶泥上，
屈铁萦丝字字分。
一日流传千百本，
何人不颂会通君。

——叶昌炽

大约在1490年，华燧第一次试印了《宋诸臣奏议》大、小两种字体的版本，这也是我国现存最早的金属活字印本。后来他又印了南宋类书《锦绣万花谷》和有关唐宋文人野史杂说的丛书《百川学海》等大书以及他本人的著作。其前后印书可考者达18种之多，约在千卷以上，就其数量而言，在明代铜活字印本中是首屈一指的。华燧很富于创造精神，作为第一位用铜活字印书的人，他解决了铜活字的镌刻、排字、施墨、印刷等一系列技术问题，为活字印刷术的发展作出了贡献。

华燧的侄子华坚和华坚的儿子华镜也热衷于从事铜活字印刷事业。华坚印的书标记为“兰雪堂”，兰雪堂先后印出了汉代著名文学家蔡邕的《蔡中郎集》，唐代著名诗人白居易的《白氏文集》、元稹的诗赋文集《元氏长庆集》和唐代类书之冠《艺文类聚》100卷。兰雪堂印本因为在每一直行内排印两行，所以被称为“兰雪堂双行本”。

热衷公益的“安百万”

当时，和华家齐名的还有无锡的安国，他是富可敌国的大地主、大商人，号称“安百万”。他为人比较开明，曾经为地方做过不少公益事业。据《常州府志》载，安国“赡宗党，惠乡里，乃至平海岛（捐款帮助平倭寇），浚白茅河，皆有力焉。父丧，会葬者五千人”，可见他是一个很有钱而又热衷公益，深得百姓拥戴的人物。同时，他又很有生活情趣，喜欢古书名画、造字印书。他印的书称为“安国活字铜版”，又因为他家种有很多桂花，所以也称“桂坡馆”。他从1521年至1534年印了至少10种著作，其中有地方志、水利通志、文集和两种大部类书。这些书印刷精美、校勘严谨，有些在边栏外还印有千字文编号，次序十分清楚，装帧非常认真、细致，在中国古籍中很少见。

安国

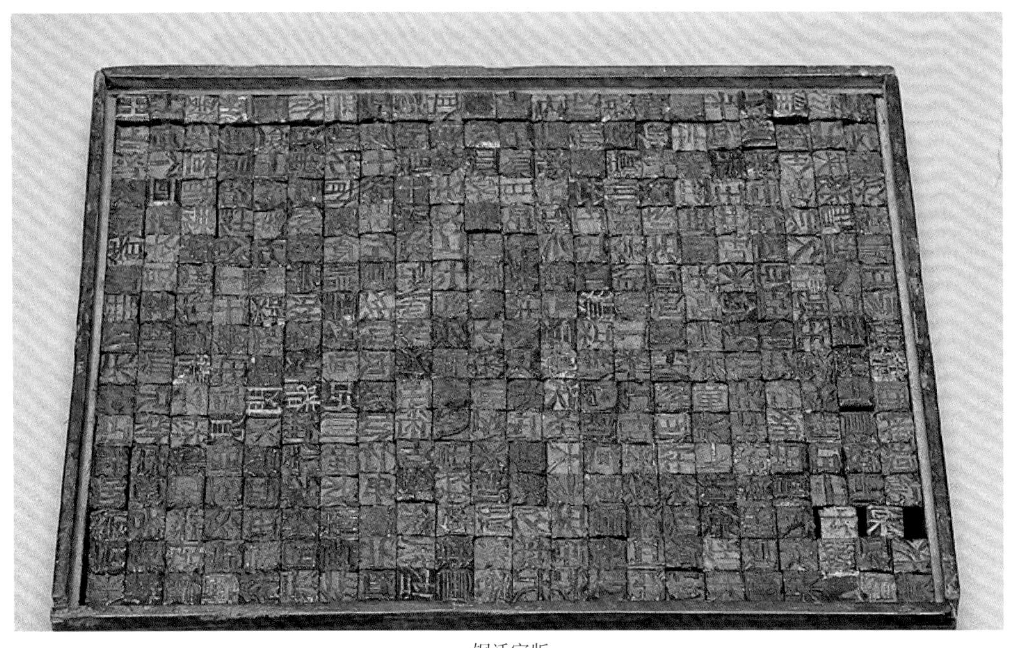

铜活字版

铜活字版大放异彩

话说铜版

如果说木活字版以价格低廉而著称，那么铜活字版则以耐磨受用的优势奠定了其在印刷史上的地位。自明朝弘治初出现，铜活字印刷的发展经历了几多曲折，曾经辉煌的伟大工程消逝于历史的长河，令人无限唏嘘……

关于铜活字的起源，学术界至今仍存在着不同的看法。我们通过相关的史料来看，现今最早的铜活字印书活动出现在明朝的弘治初年。明代时，铜活字印刷得到了普遍应用。到了清朝，铜活字印刷受明朝的影响，流行范围和雕刻的精致程度都超过了明朝。清朝康熙末年，内府已有铜字，并利用铜活字刊印了几种天文、数学书籍，雍正六年（1728年），又用大、小两号铜字印成了陈梦雷的《古今图书集成》1万卷64部，每部5020册。民间铜版有江苏吹藜阁印本，比内府铜字更早。嘉庆十二年（1807年），台湾总兵武隆阿刻铜字，印行了《圣谕广训》。但总体上清代的铜活字印本没有明代多，流传至今的也很少。

陈梦雷与《古今图书集成》

据说清代的《星历考原》《数理精蕴》《律吕正义》等天文、数学、音乐方面的书籍，都是用内府铜活字排印的。但是内府铜活字印刷的最大成就却是《古今图书集成》，它是现存完整的最大的一部类书，一直是中外学者的重要参考书。但是它的编纂却有着一段曲折的故事——

陈梦雷，字则震，号省斋，晚号松鹤老人，福建侯官（今福州市）人，清顺治七年（1650年）生。陈梦雷资质聪敏，少有才名，12岁中秀才，19岁中举人，康熙九年（1670年）成进士，选庶吉士，散馆后授编修，是清初著名学者，博学多闻。康熙三十七年（1698年）九月，康熙巡视盛京（今沈阳），陈梦雷献诗称旨，被召回京师。次年，入内苑，侍奉诚亲王胤祉（康熙第三子）读书，由于恪尽职守，甚得胤祉好感。在长期教学中，陈梦雷见现有类书“详于政典”，“但资词藻”，有许多缺点，因此决心编辑一部大小一贯、上下古今、类列部分、有纲有纪的大

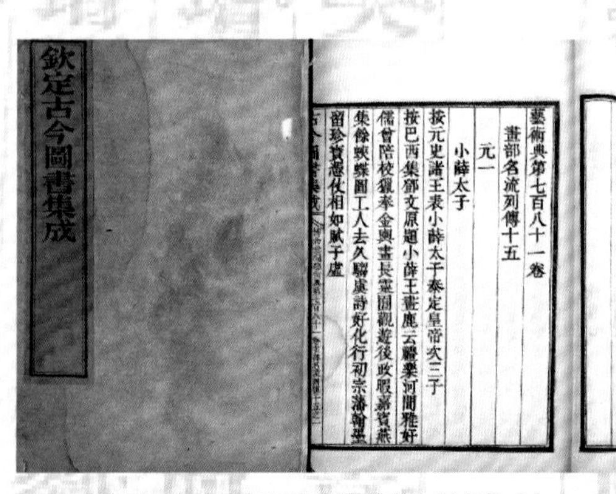
欽定古今圖書集成

藝術典第七百八十一卷

畫部名流列傳十五

元一

小薛太子

清雍正四年内府铜活字印本《古今图书集成》

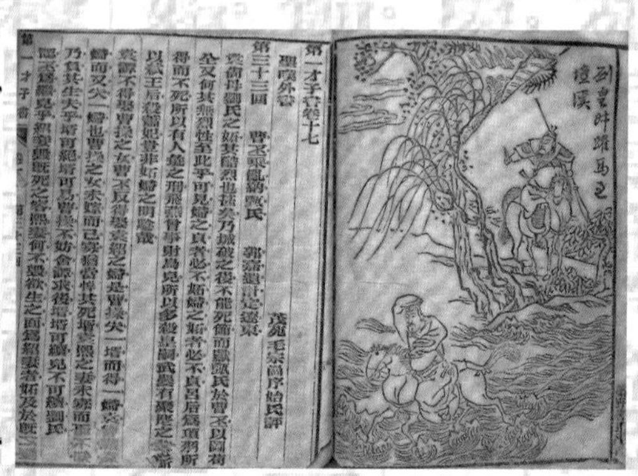
第一才子書卷之七

第三十三回

清筑野书屋铜活字本第一才子书《三国演义》

型类书。此事得到胤祉支持，特拨给其“协一堂”藏书，并在城北买“一间楼”，雇人帮助他缮写。用时20多年，陈梦雷终于编成大型类书《古今图书集成》。然而不幸的是，康熙逝世，其四子胤禛继位。胤禛即位后便残酷迫害与其争夺帝位的同胞兄弟，胤祉被囚禁，作为胤祉的老师，陈梦雷也受到牵连，72岁的陈梦雷被流放到黑龙江。与此同时，雍正下令由蒋廷锡重新编校已经定稿的《古今图书集成》，并去掉陈梦雷的名字，代之以蒋廷锡。陈梦雷用将近30年时间编纂的著作被他人窃取，一切辛苦都化作满腔的幽怨了吧！然而，历史是绝不会让伟人埋没的，现在我们可以看到《古今图书集成》被贴上了陈梦雷的标签。很可惜的是，用来刊印这部伟大类书的宫廷铜活字，后来再没有印过别的书，被搁置在了武英殿的铜字库中。最让人难过的是，主事官员的盗窃导致铜活字逐渐减少，而为了掩饰这种盗窃行为，他们以钱币短缺为由，将铜活字熔化掉来铸造更多的钱币。于是在1744年，这批残存的宝贵铜字，统统被熔化铸成铜钱了。由于他们的贪婪与愚昧，我们再也看不到这项伟大工程了。

印刷术作为四大发明之一，有着悠久的历史，也成为帝王、文人著书立说的重要工具。在我国印刷史上，雕版印刷尤为突出，而活字版只居于次要地位，这是与欧洲各国不同的地方。尽管如此，活字版以其灵活方便以及对材料合理利用的优势，在古老的中国仍占有很大的市场。我国活字采用的材料有金属和非金属之分，由于古代冶炼技术的限制，金属制品较为稀有，故非金属活字的使用更为广泛，但金属材质以耐磨受用等优势仍在印刷史上占有一定的位置。金属活字中以铜活字最为流行，铜活字又称“活字铜版”“翎字版”“聚珍铜版”，亦名“铜摆版”“铜版”，有时简写为“仝版”或“同版”。

民间铜活字艺术的魅力

清代还有一些私家、书坊也用铜活字印书，如福州林春祺福田书海、吹藜阁铜版、台湾武隆阿铜版、常州铜版、太平天国铜版等，它们使得清代的民间铜活字艺术大放异彩。

福州林春祺福田书海

林春祺，号怡斋，1807年生于福清龙田的一个书香世家。林春祺从小就听他的祖父与父亲谈论古铜版书，他们常常惋惜社会上没有铜版，以致古今博学之士的宝贵著作因无力刊版而失传，有的虽然已刻了

顾氏《音学五书》

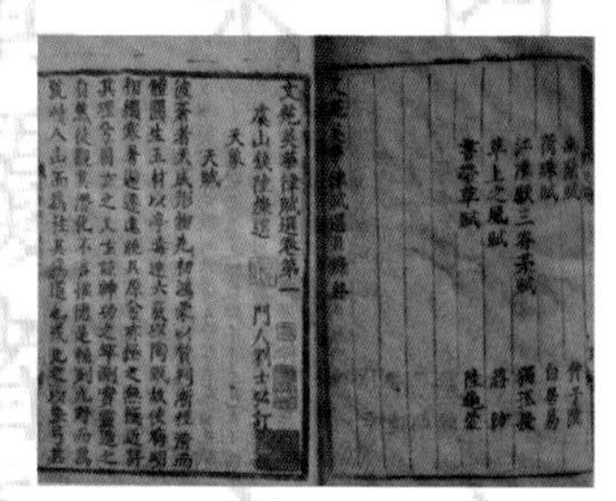

吹藜阁铜版《文苑英华律赋选》

版，但被“湮没朽豪”，也跟无版没有区别了。一般人也知道古铜版书宝贵，而铜版传世者却甚少，社会上造铜字的人更是少见。林春祺为了实现祖父的志向，从18岁那年起，就兴工镌刊，用了21年时间，花了20多万两银子，刻成了大小铜字40多万个，其数量之多，在亚洲制造金属活字史上是少有的。这副刻制的铜字，因为林春祺的原籍是福清县的龙田，故定名为“福田书海”。其用正楷书写，镌刻工整，曾印过清初学者顾炎武著的音韵学丛书《音学五书》，遗憾的是，现在所见到的只有《音论》和《诗本音》两种。这副字还印过行军时医疗用的《军中医方备要》，其影响之大即可印证。为了使他的铜活字制作得以传承，林春祺作了《铜板序》，系统地介绍了他造铜活字的原因和经过，这是一篇有关刻制金属活字的重要文献。

吹藜阁铜版

吹藜阁铜活字不知出自何家，可能为苏南一带的产物，其印本主要有《文苑英华律赋选》四卷。在书名页与目录下方及卷四终末行均有“吹藜阁同板”五字。卷端题有“虞山钱陆灿选，门人刘士弘订”，并有康熙二十五年（1686年）钱氏75岁时写的自序:“于是稍加简汰，而授之活板，以行于世。”遗憾的是，自序里并没有说明活版是自己的，或是借用别人的。明代常熟周堂曾用福建书商游榕、饶世仁的铜字排印了《太平御览》100余部，时间相隔不过百余年，可知常熟人用铜字印书并非初次。吹藜阁本《文苑英华律赋选》比《古今图书集成》要早40年，是现在所知清代最初的铜字本。书凡四册，黑口，四周大单边，字为笔写体，也就是所谓的“软字”或“今体”，楷书流利悦目，印刷清楚，体现了很高的印刷水平。

台湾武隆阿铜版

台湾自明永历十五年（1661年）郑成功驱逐荷兰

侵略者后，即着户官刻版颁行《命令八条》。同时，又有《五梅花操法》刻版印行。这是有关台湾的汉文印刷品的最早记载。武隆阿，瓜尔佳氏，正黄旗人，是一位满洲武官。他于嘉庆十二年（1807年）任台湾挂印总兵官时，刻制汉文铜字印成了《圣谕广训》。作为一位在旗的武将，居然造汉文铜字印书，的确很难得。《圣谕广训》是清代帝王用来宣扬封建道德、禁锢人民思想的工具，内容陈旧，并无价值，在清代有不少版本，而这部铜印本却未见公私藏家著录。

聖諭廣訓

《圣谕广训》

常州铜版

常州铜版同无锡一样，在明代已出名，并且常州在我国首先创用了铅活字，在制造金属活字方面有着光荣的历史。可惜明代常州的铜印本与铅印本，都没有流传下来。清代的常州活版也颇享盛名，而且均为木活字，多用来印制家谱，只有清咸丰八年（1858年）徐隆兴等九修《毘陵徐氏宗谱》30册为铜字印本，此印本现藏于日本东洋文库。清代十分之六七的家谱都用木字排印，而这部常州徐氏宗谱在家谱史上别开生面，独用铜字排印，但是所用铜字不知出自常州何家。

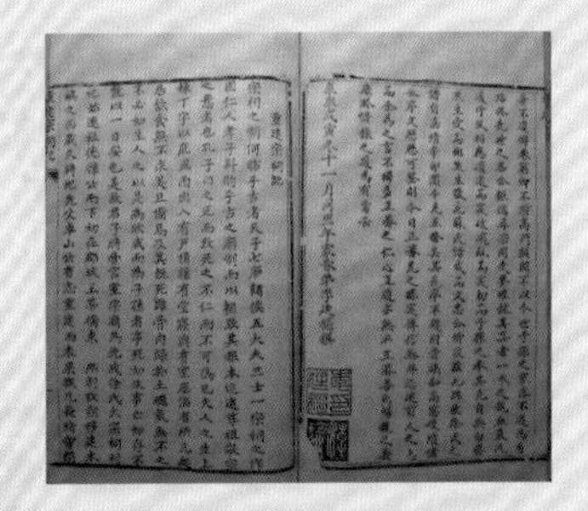

常州铜版《毘陵徐氏宗谱》

太平天国铜版

太平天国很重视文化宣传，在天京（南京）设有“镌刻衙”“刷书衙”等出版机构，并大量散发《圣经》及其宣传品，不过均为雕版。只有洪仁玕所记洪秀全起义前早年历史的《太平天日》，封面旁有“钦遵旨准刷印，铜板颁行”字样，该书印于太平天国壬戌十二年（1862年），可算是太平天国官书中唯一的铜印本了。

活字印刷

锡活字赶超泥活字

宋末元初，我国优秀的祖先们尝试运用金属制造活字，于是最早的金属活字——锡活字就诞生了，这是继泥活字后的又一伟大成就。锡活字制造工序复杂，在防伪功能上大大超越了泥活字，因此古代常用锡活字印刷钞票。

锡的“庐山真面目”

锡是大名鼎鼎的“五金”（金、银、铜、铁、锡）之一，纯锡属白金、黄金、白银之后的贵金属。现今我国最大的锡工业生产基地在锡都——云南个旧。锡是一种无毒金属，据考证，我国周朝时，锡器的使用已十分普遍了。随着历史的发展，锡与茶文化、酒文化和佛教文化长期融汇，被制成了大量的茶具、酒具、佛具等工艺品。锡的理化性能稳定，经历代祖先使用观察，纯锡工艺品具有耐碱、防紫外线、除湿、无毒、无味、不生锈等特点。用高纯度锡制造的器皿，常温下不氧化变色，具有很好的杀菌、净化、保湿、保鲜特效，是贮器中的上品，因此锡罐自古以来就有“盛酒酒香醇，盛水水清甜，贮茶色不变，插花花长久”之称。

锡活字的“身世”之谜

有些西方学者认为，采用金属铸字的活字印刷技术，是以15世纪中期德国古登堡发明的铅活字印刷技术为开端的。实际上，大约在13世纪，即宋末元初之际，我国就发明了用金属锡铸造活字来印刷图书的技术，这也是我国用金属造活字的开端。元末著名农学家、发明家王祯的《造活字印书法》中提到：

“近世又铸锡作字，以铁条贯之，作行，嵌于盔内，界行印书，但上项字样，难以使墨，率多坏印，所以不能久行。”

上述记载虽然没有详细记述熔锡铸字和字模的制作过程，但“铸锡作字”的记录，明明白白地说明了当时已经有人采用金属锡铸造单字的事实。而王祯造活字印书是在元建国后二十几年，他的《造活字印书法》主要是记述他的木活字印书技术的。所以说，我国采用金属锡铸活字印刷的技术发明于宋末或元初，即13世纪晚期或更早一些，这要比古登堡铸铅字印刷的技术至少早100年。另外，我国的活字印刷术于13世纪传到朝鲜，大约在13世纪30年代，朝鲜就铸造出了铜活字用来印制

精美的锡制茶叶罐

清华渚《勾吴华氏本书》之《华燧传》说："少于经史多涉猎，中岁好校阅异同，辄为辨证，手录成帙……既乃范铜板锡字，凡奇书难得者，悉订正以行。"

图书。这些事实都推翻了西方所谓"创用金属活字的荣誉应归功于欧洲"的说法。

锡活字的坎坷"人生"

艰难起步

宋末元初，锡活字诞生，但是什么人发明、在什么地方印过书，我们今天仍无从考究。从王祯的《造活字印书法》中我们可以知道，锡活字并未得到推广和长期使用。王祯提到，铸锡作字印书"难以使墨，率多坏印"，意思是锡活字在印刷时难以上墨，印出来的成品质量不高，所以这种技术没有得到推广。

华燧铸锡活字印书

明代，江苏无锡有个名叫华燧（1439~1513年）的大出版家。他少年时期就广泛阅读经史书籍，长大后十分擅长校对，喜欢辨正异同。十分好学的他遇到老儒学者，就拿着书去请教。他家中有田产千顷，属于江南一带的富庶人家，后来因为买书而渐渐家道中落，可他对此很淡漠，一点也不感到可惜。华燧居住的地方叫"会通馆"，藏书、刻书都在里面，因此大家都把他称为"会通君"。在明天顺至正德年间（约1450~1510年），华燧铸造锡活字用于印书，此时离宋末元初发明铸锡活字仅200年左右，所以华燧根据前人的经验铸锡活字印书并不奇怪。可惜文献上对他铸锡活字印书的记载只有寥寥数语，使得我们今天很难了解详情。

佛山唐氏造锡字

清道光末年，佛山的工商业发达，经济繁荣，因此当时的赌博和押彩活动十分普遍，彩票的印刷量十分大。有位姓唐（Tong，有的资料译"邓"）的出版家为了印刷彩票和广告，开始铸造锡字。道光三十年（1850年），他大规模地铸造锡活字，当年就铸成了两套，共

《十六国春秋》

有15万个字。他前后铸成三套活字，共20多万个字。但令人十分可惜的是，这些锡活字后来竟被清末义军熔化后制成枪弹了。

唐氏铸造锡字采用的是泥模，方法是先在木块上刻反写的阳文字，再把字盖印到澄江泥上，得到正写的阴文字模，然后把熔化的锡液倒入字模，得到反写的阳文锡字。与15世纪德国古登堡用铜模铸铅活字相比，唐氏的泥模铸字工艺更为简便、经济。

唐氏用锡活字印刷了许多图书，现今为世人所知的有五部，分别是《十六国春秋》、《三通》（《通典》《通志》《文献通考》）和《陈同甫集》。目前甄别出的这五本唐氏锡活字印书，是深入研究历史上其他锡版印刷实物和记载的珍贵参照物。

陳同甫集卷之一
書疏
上孝宗皇帝第一書
臣竊惟中國天地之正氣也天命之所鍾也人心之所會也衣冠禮樂之所萃也百代帝王之所以相承也豈天地之外夷狄邪氣之所可奸哉不幸而奸之至於挈中國衣冠禮樂而寓之偏方雖天命人心猶有所繫然豈以是爲可久安而無事也使其君臣上下苟一朝之安而息心於一隅凡其志慮之經營一切置中國於度外如元氣偏注一肢其他肢體往往萎枯而不自覺矣
陳同甫集卷之一

锡活字印本《陈同甫集》

锡活字在扬州“复活”

由于锡活字印刷使用时不易上墨，所以难以普及，迄今为止，这项传统工艺已失传了700余年。从1998年开始，江苏广陵古籍刻印社开始组织锡活字印刷的挖掘工作。社里的专家经过反复试验，通过改善用墨的附属性，克服了锡活字难以上墨的缺点，并用细砂纸在成形的字模上进行打磨，以增强字迹的清晰度。历时一年多，该书社终于在2004年复活了锡活字印刷工艺，成功付印了《道德经》，这是我国首次采用锡活字印刷整套书。

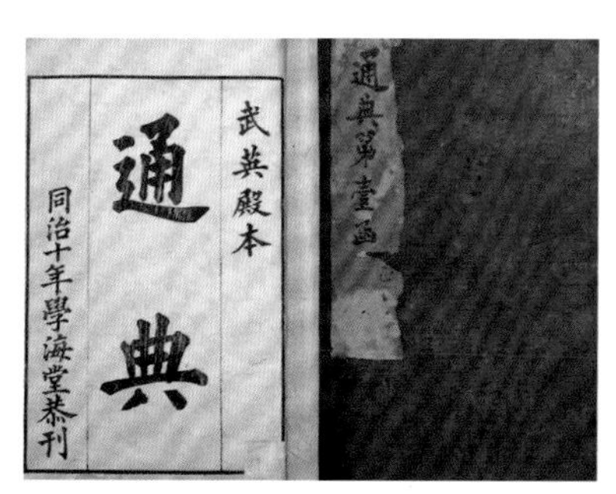

《通典》

《通志》

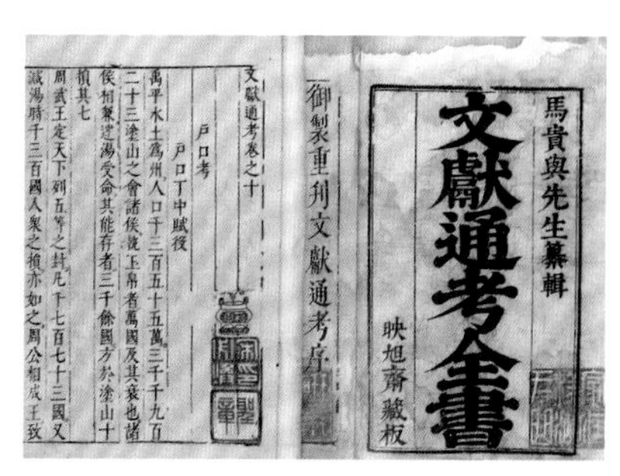

《文献通考》

春秋时代的铅戈冥器

毕昇发明的泥活字传入欧洲400年后，也就是在1445年，德国人约翰·古登堡制成了比较精细的铅活字和铸字的模具，还创造了压力印刷机等。这些都使古登堡轻而易举地就夺得了发明西方印刷术的桂冠，铅活字也因而成为近代印刷业中当之无愧的先行者。然而，且慢！在西洋铅活字传入我国之前，我国聪明的印工就已经发明了铅活字，下面就让我们来一步一步地撩开它那神秘的面纱吧！

近代印刷的先行者

"铅"字知多少？

提起"铅"，最容易让人想到的就是"铅笔"了，因为它就像一支魔法棒，在儿时把一个个汉字烙印在了我们的心里。可是，除此之外，大家对铅的了解又有多少呢？铅有很多优点，它分布广、容易提取、便于加工，具有很高的延展性，又很柔软，而且熔点低。其实，早在7000年前人类就已经认识铅了，中国二里头文化的青铜器中，发现有加入铅作为合金元素。在整个青铜时代，铅与锡一起构成了中国古代青铜器中最主要的合金元素。殷代末年纣王时人们便已会炼铅。古代的罗马人喜欢用铅做水管，而古代的荷兰人则爱用它做屋顶。总而言之，在人类历史上"铅"是一种被广泛应用

金简在《武英殿聚珍版程式》中介绍说："陆深《金台纪闻》所云铅字之法，则质柔易损，更为费日损工矣。"

的金属。

铅活字在中国

西式铅字带来的误解

虽然印刷术最早出现在中国，但真正推动印刷行业在世界范围内迅速发展的是德国人约翰·古登堡发明的铅活字印刷技术。1839年，西式铅字印刷也传入中国，标志是香港首份华文报章《遐迩贯珍》在英华书院的汉字活版印刷厂印刷发行。1843年，英国几个传教士在上海创建了墨海书馆——铅印活字设备的印刷机构。以上事实都无可否认，但它容易将人们引入一个巨大的误区——中国的铅活字是从西方引进来的，为此，我们有必要来纠正这个误区。

“中式铅字”的有力证明

如前所述，1445年古登堡制成了铅活字，1839年西式铅字传入中国，但是在明代弘治末年至正德初年（1505~1508年），我国就已经出现铅活字了。

明代文学家、书法家陆深在《金台纪闻》中说：“近日毗陵人用铜、铅为活字，视版印尤巧便，而布置间讹谬尤易。”大致意思是：最近毗陵人用铜、铅铸造活字，版印看起来方便，但排版的时候很容易出错。这里提到的铅活字，质地刚脆，很容易损坏，需要浪费大量的人力和物力。事实上，明代常州在制造金属活字方面颇有成就，只可惜当时常州的铅印本与铜印本一样，都没有流传下来。清代道光年间也有人造铅活字印书。清人魏崧的《壹是纪始》卷九说：“活版始于宋……今又用铜、铅为活字。”《壹是纪始》成书于道光十四年（1834年），这就说明在鸦片战争前，我国印工就一直在使用铅活字。这当然和洋人是不相干的，所以，那

陆深像

陆深（1477~1544年），明代文学家、书法家。初名荣，字子渊，号俨山（取之于所居后乐园“土岗数里，宛转有情，俨然如山”之景），南直隶松江府（今上海）人。弘治十八年进士，授编修，累官四川左布政使。嘉靖中，官至詹事府詹事。卒，赠礼部右侍郎。陆深书法遒劲有法，如铁画银钩。著述宏富，在明代上海人中绝无仅有。上海陆家嘴也因其故宅和祖茔而得名。

时的铅活字是地地道道的中国传统活字。

趣闻中显露蛛丝马迹

清代有个叫王锡祺的秀才，他家里开着当铺，凡是来当的铅、锡器皿，如果过期没人来赎，就会被没收，王锡祺就利用它们来作为铸字的材料。由于过去当铺所押当的多为锡器，而铅制品较少，有人便怀疑他所铸的可能是锡版，但各种文献都写作铅版，故仍姑定为铅版。

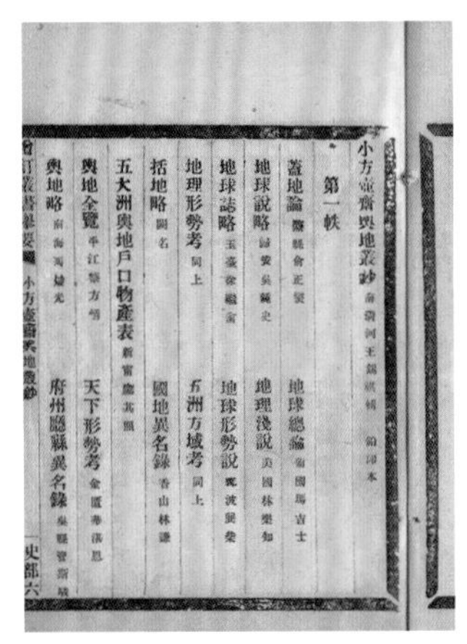
小方壺齋輿地叢鈔

第一帙

蓋地論　地球總論

地球說略　地理淺說

地球誌略　地球形勢說

地理形勢考　同上　五洲方域考　同上

括地略　闕名　國地異名錄

五大洲輿地戶口物產表

輿地全覽　天下形勢考

輿地略　府州廳縣異名錄

史部六

《小方壶斋丛书》

王锡祺喜欢藏书印，为人好客，喜好游玩宴客。后家中日渐贫困，他把自己的《小方壶斋丛书》全版59箱，押给了一个名叫刘泰和的同行，但后来王锡祺却没钱赎回去了。刘泰和因此和他打了几年的官司，直到1917年由县官出面调解，此案才了结。这也算是我国印刷史上少见的纠纷之一了。

王锡祺的同乡挚友段朝端写了一篇《回赎铅铸书板记》，文中提到："清河王君寿萱喜读书，喜刊书，家有质库，铅、锡不出售，辄以铸板，积数年成《小方壶斋丛书》若干卷。"

《小方壶斋丛书》在1895年出版，全书共20册，为中箱活字本，字体跟申报馆的铅字十分相似，大字跟现在的四号字差不多，小注像六号字，从墨色来看可以看出油墨的痕迹。1893年王锡祺自称"迩年（近年）予得泰西活字，颇印乡先哲遗著"，从这句话可以知道他的活字是西洋的华文铅字。

其实王锡祺早在1879年航海去北京路过上海的时候，便用活字排印了他的同乡潘德舆的《金壶浪墨》，但书中错误非常多以致于影响了正常阅读。1887年，他根据抄本作了补正，"重铸铅板，亥豕鲁鱼之诮，或可免焉"。这说明他在购买外国华文活字之前，曾经铸过铅版，并且不止一次，民国出版的《山阳县志》《清河县志》都说他曾自铸铅版。因此，可知王锡祺确实自己铸过铅版，这些铅版可能是经泥型翻制保存的。

鲁鱼亥豕（lǔyúhàishǐ），把"鲁"字错成"鱼"字，把"亥"字错成"豕"字。指书籍在撰写或刻印过程中的文字错误。现多指书写错误，或不经意间犯的错误。

活字版

活字宝藏神秘再现

如前所述，活字印刷术的发明是印刷史上一次伟大的技术革命，为知识的广泛传播创造了条件。2010年，中国的木活字印刷术被列入联合国非物质文化遗产名录。但随着现代印刷技术的突飞猛进，活字印刷术却渐渐被人遗忘，甚至渐渐消失了。目前，我们在浙江瑞安的东源村和福建的宁化县发现了木活字印刷技术的使用。

活在东源村

正当人们在为活字印刷技艺的流逝而感到惋惜时，东源村传来了一个震惊世界的消息：木活字印刷技艺还在瑞安活着！它至今已传承了800多年，完整地再现了中国木活字印刷的作业场景，是活字印刷术源于中国的实物证明。

王氏一族可以说是刻印世家的传奇。元代政治失纪，百姓十分需要编印传承宗族、联络纲常的谱牒，于是便普遍采用木活字来印制，史称“梓辑”。1324年，福建省安溪县长泰里士人王法懋为里人梓辑，广受欢迎。明天启年间，王法懋后裔王思勋等合族迁移至浙南平阳北港翔源，子孙仍操旧业。清乾隆元年，王思勋第4代孙王应忠又转徙至瑞安平阳坑东岙，亦以此为生，木活字印刷术遂在这里落地扎根。按谱计代，王家从事此业从11世先祖王法懋算起，到33世王超辉，已是第22代传人了。东源王氏对木活字印刷工艺有很高的要求：严守古法、一丝不苟、务求口碑。此外，他们在技法的传承上也打破了传统的古板观念，允许招收姻亲外姓。

有专家称，平阳坑镇东源村的木活字印刷技术是我国已知唯一保留下来且仍在使用的木活字印刷技艺。中央电视台《见证——发现之旅》栏目组在东源村拍的专题片《深埋的物证》说："这里的每一个步骤，都和元代王祯的描述如出一辙。他们的做法，似乎就是从古代原封不动流传下来的……"东源村木活字印刷的传统方法被完整地保留了下来，原汁原味，它可以说是活字印刷术源于我国的最好实物证明。东源村传统的印刷技艺得以保留下来，除了与这里的乡间村落依然保持着修订族谱的习俗有关之外，另外一个原因就是这种印刷在工艺上采用不易开裂、质地细腻、附着墨汁性能好的上等棠梨树木做字模，木材不易干燥变形，非常适合木活字的生存。

木活字印刷术的印刷母版，印刷时使用的棕刷子、墨汁、调墨板和上墨刷

东源村被誉为是木活字印刷村落。村里有"中国木活字印刷文化展示馆"，该馆占地大约1670平方米，由古宅改建而成。展示馆里面有很多家谱排版框，这样就可以将

木活字直接放入到框中，固版也就变得比较方便。著名学者邹毅曾经实地考察过这里，他说从传统的活版技术来看，东源村的固版技术非常先进。

用毛笔在子模上写作

宁化的收获

我们不仅在东源村找到了木活字的遗迹，同样在福建的宁化县也有很大的收获。福建宁化县目前保存有近40万枚木活字，这些活字一般用梨木、荷木等做成，主要用于印刷族谱，有时也用来刻印经书。

当邱志强看到自己9岁的儿子对反写、刻字流露出浓厚兴趣时，他好像看到了当初的自己。邱志强从14岁开始就跟从自己的父亲学习木活字印刷，从此就和传统的印刷技艺结下了不解之缘。这项传统的技艺传到邱志强已经是第4代了，现用的“文林堂”堂号，已有100多年的历史，家里也存有木活字近10万枚。一套黝黑的木活字从清朝中后期传到邱志强手上，如今静静地躺在邱志强工作室的桌子上。“这是有记载的，可能祖先从事这门技艺还更早。”邱志强摆弄着手里的木活字，它们按照康熙字典的顺序工整地排列着。

将木料裁成指甲盖大小的长方形木坯，在上面刻上繁体反字，然后拣字、装版、打墨、装订成书……对木活字印刷的这一系列工序，邱志强早已熟稔在心。宁化木活字印刷术之所以能留存至今，原因众多，但其中最为重要的一点是与当地根深蒂固的宗族

宁化木活字印刷作品

观念有很大关系。目前，宁化保存的《谢氏家谱》《蓝氏乾隆谱》等印有"翠华院甸臣梓"的字样，这些族谱大多是用木活字印刷而成。族谱的需求给了木活字印刷一个巨大的市场，因而也出现了专门制作家谱的"谱师"。这些"谱师"每到秋收后，都会挑着字担到附近的乡镇上帮众多家族做谱。

木活字危机

几位专家介绍，发现"活态"木活字的意义不仅在于我们大家过去认为销声匿迹被淘汰的技术依然存在，而且更为重要的是仍然有人在使用这些木活字，在使用这门技艺。目前，木活字印刷技艺面临着没有继承人的问题，亟需启动保护机制。

随着科技的发展，木活字印刷成本高、效率低的劣势越来越明显。"木活字印刷是纯手工的，费时、费力、费钱，同样的族谱，木活字印刷的成本差不多是铅印成本的四五倍。"谱师邱恒勇说，已经有不少人修族谱选择铅印了。而另一方面，年轻的一代家族意识比较淡薄，修谱的事主要是四五十岁的人在做。"像这样发展下去，修族谱的市场越来越小。"邱恒勇说，"有一句俗话叫'30年一修谱'，现在是修谱的低谷期。"

据相关人士介绍，不少谱师在这种情况下纷纷改行，现今宁化县知名谱师邹建宁已改行修锁、刻章，

繁琐的工作让活字印刷技术面临失传的危险

不改行的谱师也生存艰难，年轻人学木活字印刷的更是少之又少，木活字印刷这项传统的技艺也就面临着失传的危险。

或许从一个商人的角度来看，木活字印刷技艺早已没有了经济价值，但木活字早已不仅仅是一种技艺了，它还是一种文化遗产，是中国古人智慧的象征。就目前的状况来看，木活字这项传统的技艺有失传的危机，所以政府部门也采取了相关保护措施，力求使木活字不但要活下去，还要活得更加有声有色。

北京奥运会开幕式

活字身世惹疑窦
中华版权有证明

中国是一个印刷文明古国，但我们不得不承认这样一个事实，关于中国古代活字印刷术的文献资料并不丰富，这就给我们的研究者出了一个很大的难题。近几年来，韩国与中国争夺印刷术的发明权，印刷术才引起了广大学者的关注，但产生的学术成果并不多。文献资料不足，研究方法不科学等造成了今天这种窘迫的局面。无数的问题接踵而至，我们终于认清了当前的形势，印刷术本来就属于中国，所以，我们要拿回属于自己的东西。

元代王祯发明的活字转轮排字盘

木活字印刷不仅仅是一项技艺，也是一项文化遗产。虽然诸多历史文献资料都可以证明其存在价值，但很多研究者也提出了众多疑问。比如，木活字尚待追溯起源等。中国的活字印刷起源于民间，而且最初活字印刷也没有得到官方的重视，所以存疑是不可避免的。

木活字的生存之道

木活字的取材与操作

我国北宋的毕昇在古代雕版印刷术的基础上进一步发展、完善，发明了泥活字印刷。之后，元代初期的农学家王祯于大德二年（1298年）创制了木活字。木活字是用梨木、枣木或杨柳木等雕成单字的一种印刷术。因取材方便，成本不高，制造起来又比较简单、迅速，所以木活字成为我国活字印刷史上常用的一种活字。19世纪鸦片战争前后，古老的雕版印刷与木活字印刷逐渐被淘汰，乃至消失。

木活字印刷的主要方法是将纸写字样贴在木板上，照样刻好字后，锯成单字，再用刀修齐，统一大小、高低，然后排字作行，行间隔以竹片，排满一版框，用小竹片等填平塞紧后涂墨铺纸，以棕刷顺界行直刷。同时，王祯还创制了活字转轮排字盘，推动转轮，以字就人，便于取字还字。

木活字的渊源与生存的依赖

我国现存最早的木活字印本《吉祥遍至口和本续》（西夏文佛经）于1991年在宁夏贺兰山腹地被发现，印本为9册蝴蝶装本，共220页，10万字，印以当地所造白麻纸。每半页版框直高23.6厘米，横宽15.5厘米，四周双边，白口，无鱼尾，有页码，此本内有汉文数字“四”“廿七”等字倒置。经考古学家研究，确认它是西夏王朝（1038~1227年）时期的木活字作品。《吉祥遍至口和本续》的出土为验证当时木活字印刷已研制成功提供了实物证据。西夏王朝与宋朝（960~1279年）在历史上几乎同时存在，当时北宋在科技（包括造纸术、制墨技术）、教育、文化艺术等方面取得了空前的成就，因而对书籍的需求量大增，从而带动了印刷业的繁荣发展。有史料记载，西夏建国初期曾大量从北宋购买书籍，后来才逐步建立自己的雕版印刷业。所以，专家认为西夏的木活字印品应当是用从宋代流传过去的木活字印刷术印制的，木活字印刷术可能在宋代就已经存在了。

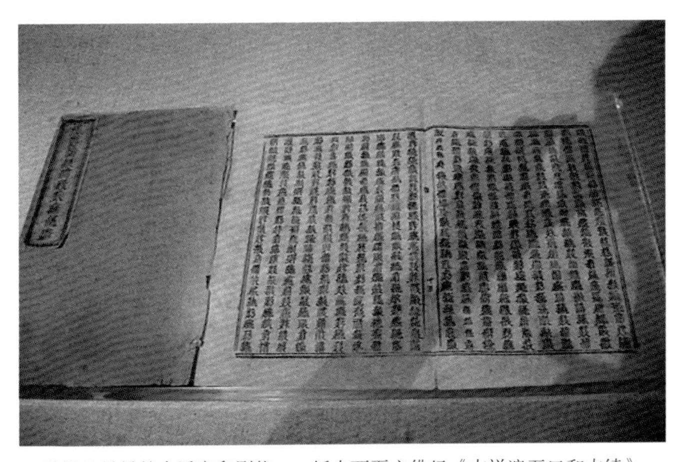

世界上最早的木活字印刷物——纸本西夏文佛经《吉祥遍至口和本续》

族谱的印制是木活字生存的强有力支撑

在日常生活当中，我们几乎看不到木活字印刷。不过幸运的是，研究者们找到了与它相关的历史遗迹。浙江瑞安、安徽祁门县等地都存在还在使用着的活态木活字，这项工艺主要被用来印制族谱。浙江瑞安的木活字目前已成功申办为国家级非物质文化遗产。据专家判断，印制族谱是木活字赖以生存并能保存到现在的重要方式。

虽然有这些发现，但我们也不得不承认其中存在的某些问题。对于学界新发现的活态木活字，福建省图书馆顾问、研究馆员郑一仙介绍，他们接下来想要做的工作，第一是“溯源”，第二是摸清家底。

现在谱匠们所提到的木活字，都来自于他们的记忆，他们除了印制族谱以外，并没有做过其他书籍的印刷工作，这些都是我们关心的问题。对于这些留存至今的古老木活字具体产生于何时，他们也未进行过考证。

对此，郑一仙表示，他们将通过科学手段进行检验，辨别这些字到底是清代、明代还是现代所刻。另外，他强调从木活字技艺上来说，木活字雕刻的年代并不是非常关键，因为木活字技艺本身能存活下来已

宁化木活字《滕王阁序》

经是弥足珍贵了。目前，这些师傅都面临着没有继承人的问题，所以相关的非物质文化遗产保护部门亟需启动保护机制。

同时，郑一仙表示，探究木活字的始源也会对世界的印刷史、书史、文化史及文明史作出一些新的补充。目前已在福建宁化发现多家还在使用木活字印刷的作坊，如果以后有更多发现的话，有可能填补中国印刷史上的空白或者续写新篇章。另外，在中国书史中，人们提到了建安本和麻纱本，却比较少关注木活字这一块。研究木活字曾经有过什么样的辉煌历史，也许可以使中国文化史更丰富多彩。

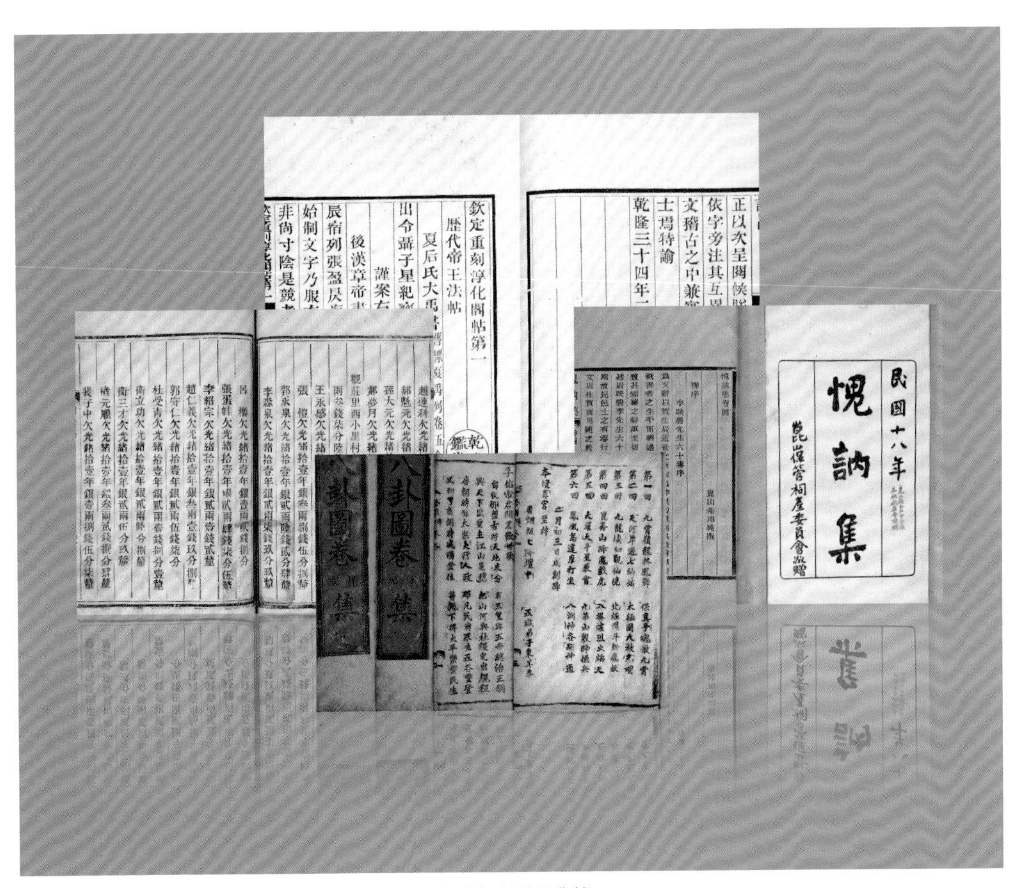

木活字印刷的典籍

活字印刷

活字的冷遇与热捧

中国人毕昇发明活字印刷要比欧洲早几百年的时间，但在声誉上，毕昇却远不如德国的古登堡。在中国人的眼里，不管是雕版印刷术还是活字印刷术，都起源于中国，然而在西方人的眼里，只有古登堡发明的活字印刷术才是真正的印刷术的起源。是什么导致了这两种不同的看法呢？其中的原因有很多。

手工与机械

中国的活字印刷术是由宋代的毕昇发明的，宋代沈括的《梦溪笔谈》中明确记载了这种技术的全部过程，从胶泥的制作到泥活字的形成再到最后的排版印刷，整个过程全都是手工操作的。这与古登堡发明的活字印刷术相比，显得原始且简陋多了。首先，在材料的选择上，古登堡选择的是合金，合金是由铅、锑、铅和锡组成的。合金以铅为主，因为铅的熔点低、凝点高，而锡可以增加合金熔液的流动性，便于浇铸，锑则可以增加合金的硬度，使字迹清晰。其次，古登堡还发明了印刷机。仅从以上两点来看，古登堡的活字印刷就比中国的活字印刷技术高明很多。古登堡的机械印刷大大提高了印刷的质量和速度，而此时的中国，不管是雕版印刷还是活字印刷都还是手工操作。

生不逢时与应运而生

在中国，活字印刷可以说是“生不逢时”，它的出现不过是星星之火。那时雕版印刷早已成熟，活字印刷作为一种新兴产业必然存在很多缺陷，它与精湛完善的雕版印刷相比无疑是没有出路的。雕版印刷成熟之时早已不仅仅是一种技艺了，同时也是一种艺术，是文人墨客观赏享受的对象，它的种种优势都是活版印刷难以替代的。

而古登堡的活字印刷术出现于15世纪，中世纪的欧洲曾经一片漆黑，文明之光暗若幽火。14世纪开始的文艺复兴运动给欧洲带来了文明的曙光，文坛上出现了许多伟大的学者和诸多经典之作。这场运动带动了教育的发展，在当时，上到达官贵族下到普通老百

古登堡

僧侣们拜读古登堡印刷的《圣经》

姓都有读书的需求。可以说古登堡的活字印刷术是应运而生的，它的出现加快了文化的传播速度。不久之后，欧洲进行了宗教改革，《圣经》成了每个家庭的必读之物。我们可以想见，在当时，人们对于书籍有一种近似饥渴的需求。

中国活字印刷术的“生不逢时”与欧洲活字印刷术的“应运而生”，两者的截然反差，产生了两种不同的境况。

个人喜好与利益驱动

毕昇是一介布衣，原是雕版印刷的工匠，正因为从事此项工作并熟悉、精通这门技术，他才可能发现雕版印刷中的弊端，才能下决心去探索和改变，成为活字印刷术的发明者。毕昇在长期的工作中发现雕版印刷最大的缺点是在每印完一本书之后都要重新雕版，这样不仅要花费大量的时间，而且需要投入大量的资金。如果选用活字版的话，那么只需一副活字即可，使用这种方式不仅可以排印任何书籍，而且活字也可以被重复使用。在这种启发下，毕昇发明了活字印刷术。我们或许可以这样理解，毕昇活字印刷术的发明是基于一种个人的喜好，至于这种技术手段在日后能否被运用、是否有营利的可能都不在毕昇考量的范围之内。

但古登堡发明活字印刷术的初衷并非如此。古登堡所处的时期，工业革命正进行得如火如荼。他们争先恐后发明和完善某项技术的目的是谋取利益，使得利润最大化，这与宋代毕昇的初衷相比有着本质性的差别。丰厚的利润吸引了众人的眼球，在欧洲，这项技术完全掌握在资本家手中，他们可以最大程度地去谋取利益。

活字印刷术本身仅仅是一项技术，但由于种种原因使得该项技术并不那么单纯，进而也就造成了中西方显著的差异。有利的条件促成了活字印刷术在欧洲的广泛推广和传播，生不逢时的遭遇注定了中国活字印刷术的这份骄傲被埋没。

连环画《毕昇》

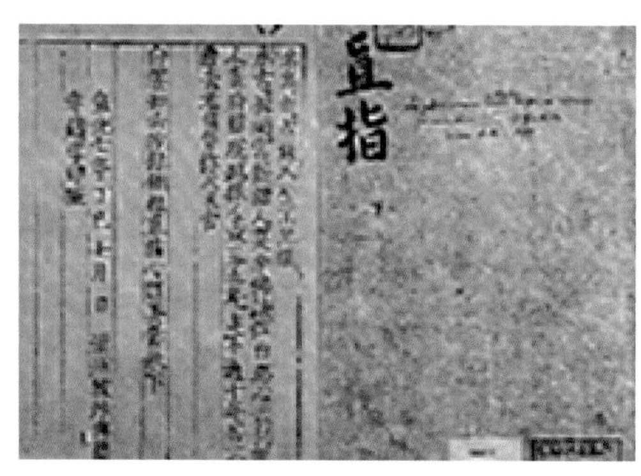
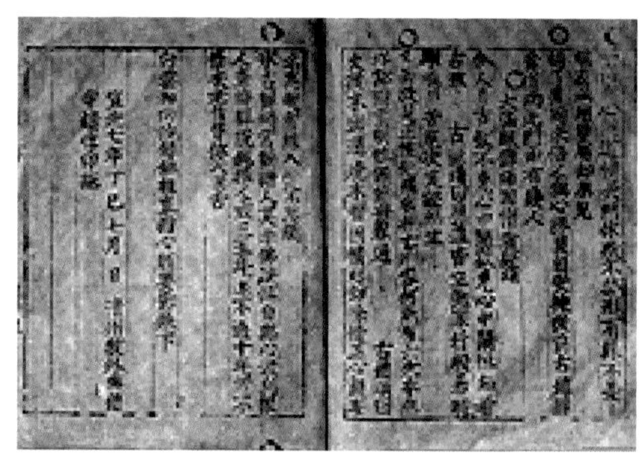

《直指心经》

印刷术发源地之争

有人对毕昇发明的泥活字表示怀疑：泥活字只是一种理论，并没有相应的实践，怎么能用于印刷呢？其实毕昇发明的泥活字要经过“火烧令坚”的过程，泥活字实际是陶化的活字，用这种方式烧制的活字是可以用来印刷的，并且后人也曾经多次用毕昇的理论进行实验，都取得了成功。然而，随着时间的推移，关于印刷术的争论却从未停歇。

中韩印刷术发明权之争

近年来一场学术之争在中韩之间展开。按照中国学者的说法，印刷术的发明权属于中国，印刷术是从中国传到了西方。韩国学者认为，毕昇的活字印刷术只是一种理想，并未付诸实践，而金属活字属于韩国，是韩国最先发明的。1992年，韩国修建清州古印刷博物馆，馆中收藏了《白云和尚抄录佛祖直指心体要节》，该书是1377年的活字本，并且韩国争取到了联合国教科文组织的承认，认为这是世界上最古老的金属活字印刷品。近几年来，韩国又发现了高丽年间印制的《清凉答顺宗心要法门》，该书被认为是现存最早的金属活字本。

这在国内引起了很大轰动，中韩的活字之争也格外引人注目。我们认为活字印刷术的发明权是属于中国的，仅仅凭借一本《白云和尚抄录佛祖直指心体要节》就认为韩国是金属活字的发源地，这种做法是不科学的。但遗憾的是，中国的研究者并没有有力的证据来反驳韩国学者的主张。

西方学者的质疑

根据相关文献记载，北宋毕昇使用的泥活字比德国古登堡印制《圣经》要早大约400年的时间，关于这一点，西方学者一般没有异议。然而，西方学者认为，中国的活字印刷术与西方的活字印刷术没有任何关系，活字印刷术是他们自己独立发明的。西方学者普遍认为，活字印刷术的发明权属于德国，属于欧洲。印刷史学界的著名学者德国的克劳斯·W. 格尔哈德曾经说过，古登堡的发明没有受到中国或朝鲜印刷技术的影响。在2008年中国北京奥运会上活字模表演之后，欧洲国家的一位市长甚至给北京市长写信，认为活字印刷术是属于欧洲的，反对中国宣传活字印刷的辉煌成就。

中国的声音

有人认为中国虽有文献记载，却没有早期的活字印刷实物为证。然而世界上很多史实都是通过文献记

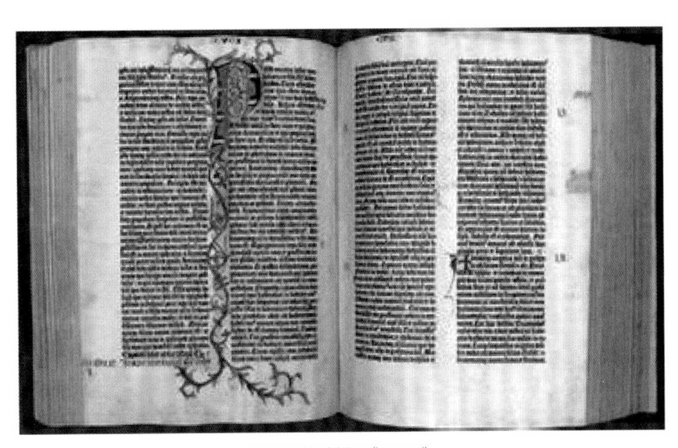

古登堡印制的《圣经》

录下来的，中国关于活字印刷发明的记载是完整的而且也是可信的。我国早期的印刷实物在中原和西北地区不断被发现，仅西夏文活字印刷品就陆续发现了10多种，在敦煌又出土了千余枚回鹘文木活字。从这里来看，中国早期的活字印刷实物还是非常丰富的。我们有理由相信，以后还会发现更多的早期活字印刷实物。

有人说中国虽然是最早发明活字印刷术的国家，但实际上它在中国并没有得到广泛的应用。然而印刷术作为一项重要的科技成果，从一开始就和社会应用有着密切的联系。西夏时期，工匠们用其来印制大量的佛经和历书，而且政府还设立了专门管理活字印刷的机构。

西方人说中国发明的是方块字的活字印刷，而欧洲人发明的是字母活字印刷。但是活字印刷和雕版

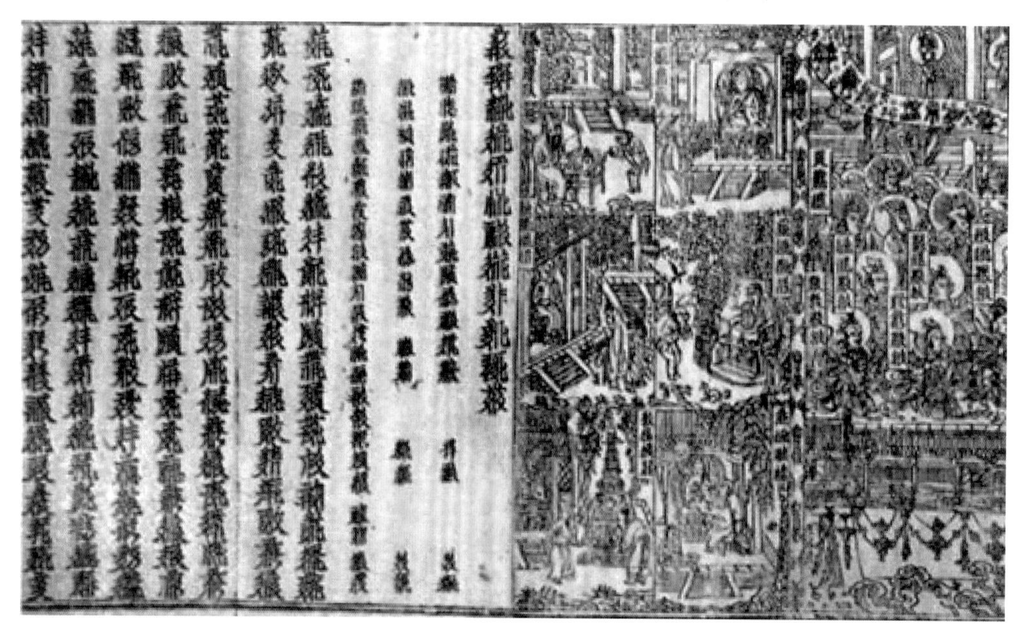

西夏自印佛经（西夏文刻本）

印刷比起来，其特点就是把整版雕刻印刷变为分割成更小单位的活字印刷，至于分割成词、字、字母，那是对活字印刷的应用和发展，与发明没有多大关系。在13世纪，中国的回鹘民族早已经根据民族语言的实际情况而应用了字母活字，从这里来看，字母活字应用也可能始于中国。

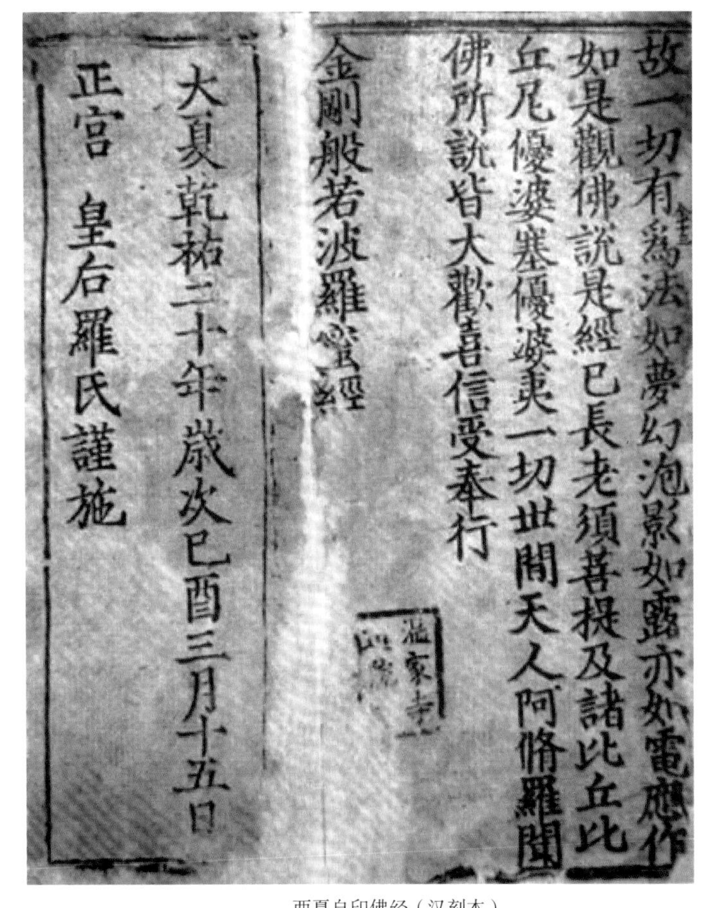
故一切有爲法如夢幻泡影如露亦如電應作
如是觀佛說是經已長老須菩提及諸比丘比
丘尼優婆塞優婆夷一切世間天人阿脩羅聞
佛所說皆大歡喜信受奉行
金剛般若波羅蜜經

大夏乾祐二十年歲次己酉三月十五日
正宮 皇后羅氏謹施

西夏自印佛经（汉刻本）

经过中国学者的不断努力，中国有关活字印刷术的研究成果为维护中国活字印刷术的发明权提供了更多有力的证据。说到这里，有人会问，既然事实已经如此的明显，那为什么到现在还会有那么多的争论和质疑呢？在国际上不乏真知灼见的科技史专家，他们承认、尊重中国对活字印刷术的发明权，但长期以来很多人受欧洲文化中心论的影响，直接无视了中国人的发明创造。并且我们也要检讨一下自己，在过去中国的学术界对印刷术并没有产生足够的重视，没有做到及时的回应和澄清。但这些都不能否定印刷术的发明权属于中国这个事实。中国发明了活字印刷术，并且传承千年，它给我们留下了宝贵的财富，也给后人留下了无数的启迪。

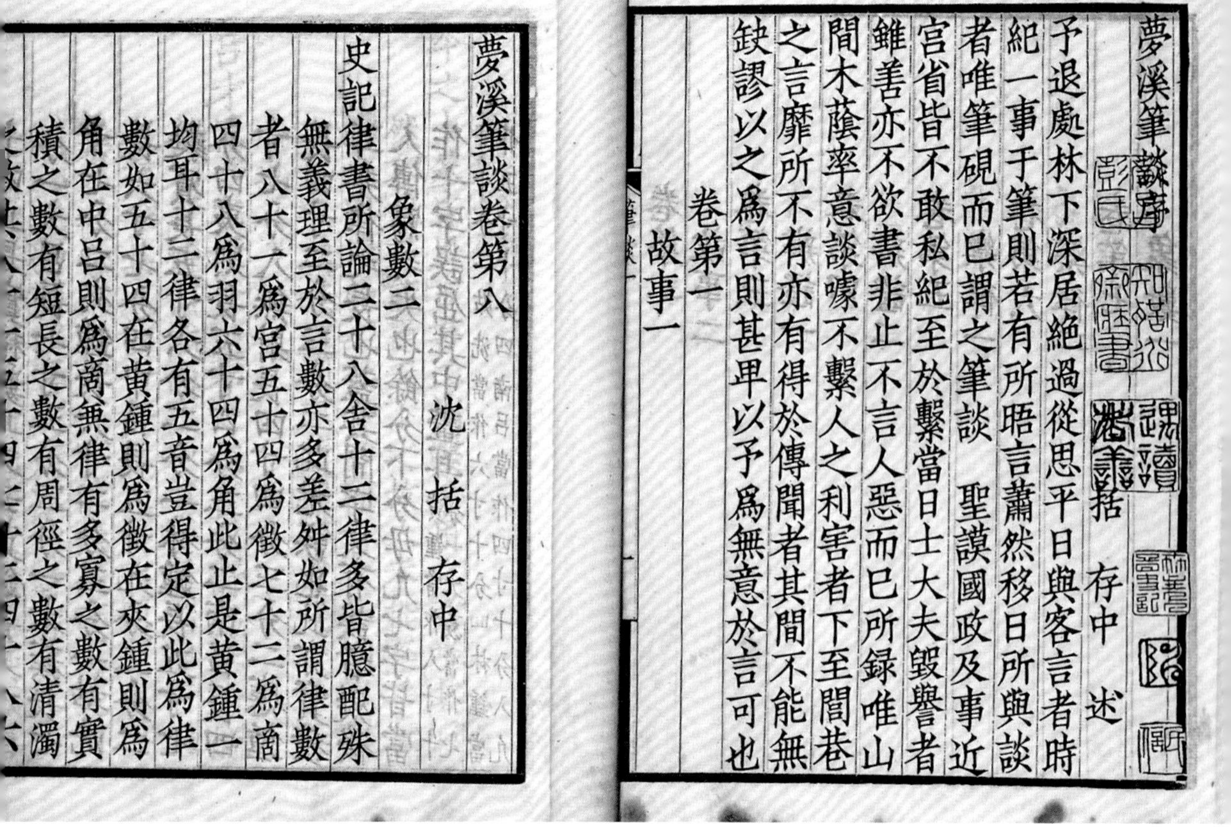

夢溪筆談序

沈括 存中 述

予退處林下深居絕過從思平日與客言者時紀一事于筆則若有所晤言蕭然移日所與談者唯筆硯而已謂之筆談　聖謨國政及事近宮省皆不敢私紀至於繫當日士大夫毀譽者雖善亦不欲書非止不言人惡而已所録唯山間木蔭率意談噱不繫人之利害者下至閭巷之言靡所不有亦有得於傳聞者其間不能無缺謬以之爲言則甚卑以予爲無意於言可也

卷第一

故事一

夢溪筆談卷第八

沈括 存中

象數二

史記律書所論二十八舍十二律多皆臆配殊無義理至於言數亦多差舛如所謂律數者八十一爲宮五十四爲徵七十二爲商四十八爲羽六十四爲角此止是黃鍾一均耳十二律各有五音豈得定以此爲律數如五十四在黃鍾則爲徵在夾鍾則爲角在中呂則爲商兼律有多寡之數有實積之數有短長之數有周徑之數有清濁

《梦溪笔谈》书影

以史为鉴探明身世

> 毕昇发明了活字印刷术是历史事实，它不仅被北宋的沈括记入史册，而且被南宋的周必大实验过，更被20世纪初在中国西部发掘出来并被俄国盗走的同时期的西夏文献和文物所证实。

艰难追寻中的中国古代活版印刷史

活字印刷术的出现是中国印刷史上的重要里程碑。北宋期间，沈括的《梦溪笔谈》详细记载了毕昇发明活字印书的实情，并且通过相关专家鉴定，沈括的记载具有很强的可靠性。南宋时期，著名的文人、政治家周必大在写给朋友的信中提到的“用沈存中法”，便是指沈括在书中所记载的由毕昇发明的活字印刷法。通过这一记载，不仅证明毕昇发明了活字印刷术，还说明它被后人所广泛使用，再一次证明了毕昇的活字印刷术确实存在。

之后，我们在发掘的西夏文献中找到了活字本，西夏与宋朝处于同一时期，因此这可以帮助我们进一步地了解活字印刷术。19世纪以后，西方列强开始侵略中国。1909年，俄国的探险队在中国盗走了大量的西夏文献和文物，经专家鉴定，被盗走的文献大多为西夏文，一小部分为汉文和藏文。根据文献上的记载，这些大约是12世纪中期的产物，被发现的西夏文佛经《维摩诘所说经》是目前世界上现存最早的活字印本，也是最早的泥活字印本。

毕昇在发明活字印刷术后，曾经尝试过使用木活字，但木活字浸水后便会变形，不方便印刷，所以并未得到真正的实践。元代王祯在安徽旌德担任县令期间，撰写了一部反映农业生产水平和生产状况的《农书》，在《农书》的卷尾附有《造活字印书法》一文，文中介绍了他的木活字印刷情况，并讲述了写韵刻字法、锼字修字法、作盔嵌字法、造轮法、取字法、作盔安字印刷法，且对每个细节都进行了详细的描绘。当时在中原地区用木活字印书早已不是个别现象了，甚至在边远的新疆地区也出现了木活字印刷活动，但遗憾的是，至今我们仍未发现元代木活字印本。

《维摩诘所说经》书影

維摩詰所說經註卷五之八

維摩詰所說經註卷第一

姚秦三藏法師鳩摩羅什譯

長安沙門僧肇註

什曰維摩詰秦言淨名即五百童子之一也從妙喜國來遊此境所應既周將還本土欲顯其淳德以澤群生顯跡悟時要必有由故命同志詣佛而獨不行獨不行則知其有疾也何以知之同志五百共遵大道至於進德修善動靜必俱今淨國之會業之大者而不同舉明其有疾有疾故有問疾之會問疾之會由淨國之集淨國之集由淨名方便然則此經始終所由良有在也若自說而觀則眾聖齊功自本而尋則功由淨名源其所由故曰維摩詰所說也肇曰經者常也古今雖殊覺道不改群邪不能沮眾聖不能

铜活字

明清以来活字印刷有了更大的发展，随后金属活字印刷的使用日趋广泛。明代在东南地区出现了铜活字，其分布地域非常广泛，印书种类繁多，其中以明初无锡华坚的兰雪堂、华燧的会通馆最为著名。总体来讲，明代的活版印刷虽然留下了大量的文献，但真正的活字本数量却很少。

在清朝，活字印刷才得到真正的繁荣，也给我们留下了大量的活字印本。康熙、雍正年间，政府直接组织用铜活字排印了《古今图书集成》，该书共有1万多卷，5000余册，规模十分浩大，当时共印制了60部，史无前例。值得一提的是，在清朝又出现了大规模的木活字印刷。乾隆年间，政府组织刻制了15万个木活字，并印制了《四库全书》和其他众多重要著作，总称为《武英殿聚珍版丛书》。可以说，这是历史上制造木活字最多、印书量最大的一次印刷活动。清朝时木活字印刷方法十分受欢迎，遍及十几个省，成为了清朝中后期的重要印刷方法。

20世纪中国活字印刷史再添新绩

1965年诞生的《印刷通用汉字字形表》是值得载入活字印刷史册的。一是因为它解决了我国数百年来汉字印刷字体、笔形、字形紊乱的问题，成为我国出版物和报刊印刷字体、笔形、字形的标准；二是因为它保持了印刷字体与汉字写体（楷体）的一致性，解决了印刷字体与楷体不一致的问题。汉字印刷字体是在书写体（楷体）的基础上发展而来的，但在20世纪60年代之前，广泛应用于书籍和报刊的印刷字体与楷体却不尽同。

这两件事均属我国汉字字形统一的范畴，而字形的统一是国家强盛的象征。因此，它们值得载入活字印刷史册。

近千年里，活字印刷对世界的发展作出了重要贡献。但近几年来却出现了来自世界的质疑声，他们质疑中国的活字，质疑中国古人的聪颖智慧。在中国，关于印刷术这个问题没有引起足够的重视，这与韩国所做的努力有着巨大的反差。但一切要以事实为依据，中国发明的活字印刷术包括金属活字的发明是毋庸置疑的。印刷术是人类文明史上的里程碑，我们应该高度警戒并捍卫属于自己的权利。

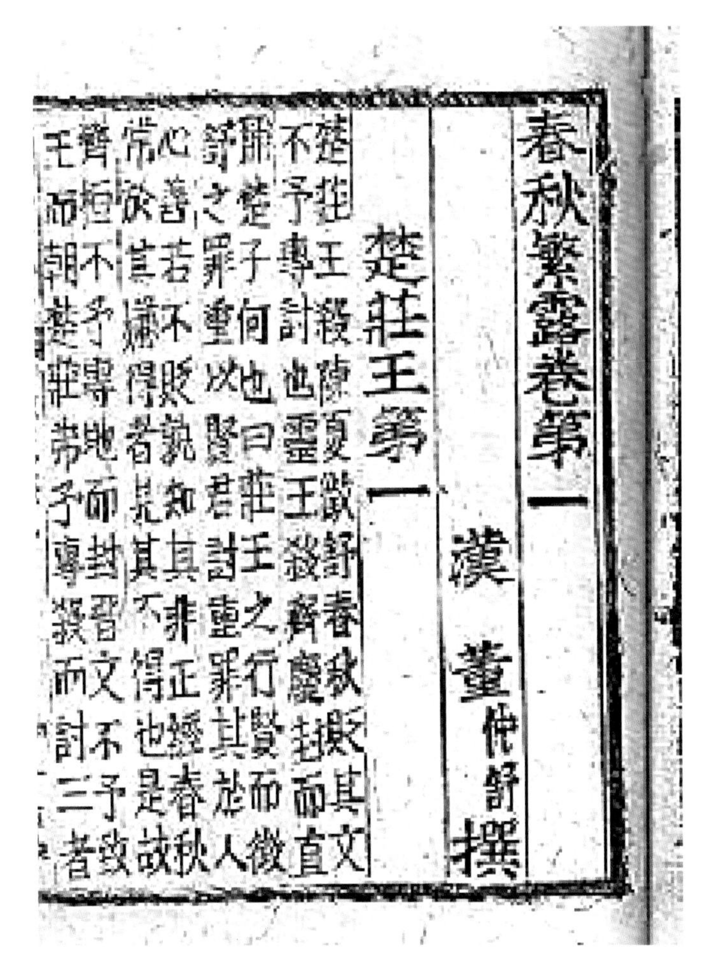
春秋繁露卷第一
漢　董仲舒撰
楚莊王第一
楚莊王殺陳夏徵舒春秋貶其文
不予專討也靈王殺齊慶封而直
稱楚子何也曰莊王之行賢而徵
舒之罪重以賢君討重罪其於人
心善若不貶孰知其非正經春秋
常於其嫌得者見其不得也是故
齊桓不予專地而封晉文不予致
王而朝楚莊弗予專殺而討三者

兰雪堂所印《春秋繁露》

活字印刷移海外 路途艰难终成名

佛教的发展带来了印刷术的东渐，从大量的史料来看，诸如日本、韩国等周边国家都是源于对一种文化的需求才促进了印刷术的传播。有容乃大，在这种相互交流和传播过程中，一种技术才能够更加先进，才更能满足人们的需求。印刷技术的传入，改变了当地的某些落后状况，但技术也需要融入到地方的血液中去。所以，随着时间的推移，不同的地域依据自身的条件和特色在中国印刷技术的基础之上形成了自己独特的印刷特点。印刷技术就如福音一般在各个地域传播开来，为当地的文化传播作出了重要贡献。

《大藏经》

正当活字印刷术在中国被发明并逐渐推广之时，不远的朝鲜半岛上高丽王朝逐渐兴起并完成统一，开始了与中国频繁的文化交流，而印刷术也正是在这个时期流传到了那里。然而，还记得2007年中韩两国关于印刷术起源的争论吗？那么，韩国人为何会认为活字印刷术是他们的祖先发明的呢？高丽王朝所“借鉴”的印刷术与中国本土的印刷术又有何不同呢？让我们一起走进这段文化交流的历史吧!

邻高丽移书移“术”

佛经传播带来的契机

中国的雕版印刷术传入朝鲜，首先是从传播佛经开始的。新罗和高丽王朝都崇奉佛教，以佛教为国教。唐朝时，新罗的僧人从中国带去的写本《大藏经》，受到了新罗人民的欢迎。举世皆知的世界上现存最早的《无垢净光大陀罗尼经》印本，也是从中国带去的。

宋朝《开宝藏》印成后，宋政府曾先后赠给高丽王朝三部。宋王朝还曾将著名的“四大类书”——《太平御览》《太平广记》《文苑英华》《册府元龟》赐给高丽。此外，高丽还在中国自行购书，特别是唐宋以来著名文人的诗文集，如李白、杜甫、白居易、柳宗元、苏东坡等人的文集被大量购买，可以说高丽人每次都是满载而归。高丽人对刊印书籍非常

《太平御览》

重视，曾刻印了大量经、史、医等方面的书籍。高丽人在雕版印刷方面取得了很大成绩，曾经翻刻了《大藏经》。可见，当时中国的印刷术已传入朝鲜。

同而有异

中国开始用活字印刷书籍，大约开始于宋代的庆历年间。毕昇最初制造了胶泥活字版，到元代，王祯在毕昇理念的基础上创制了木活字，曾以木活字试印《旌德县志》百部。然而，我们必须有一个清楚的认识，中国虽然发明了活字，但历代却皆以雕版刻本为主，在实际的印刷中用活字的人并不是很多。但韩国与中国的情况恰好相反，活字印刷术传入他们本土之后，很快成为了印书的主流，活字本在现存朝鲜本中占一半

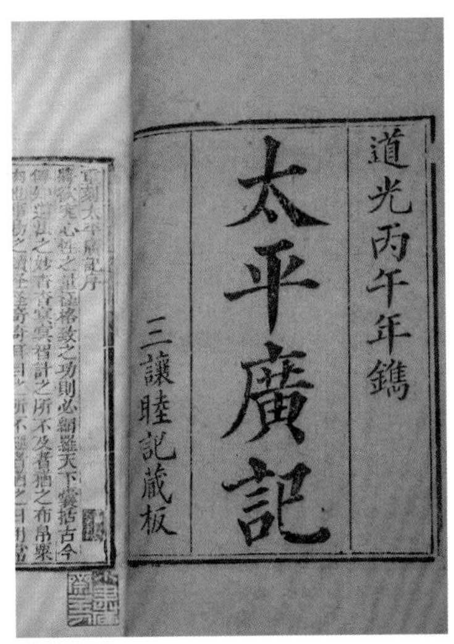

《太平广记》

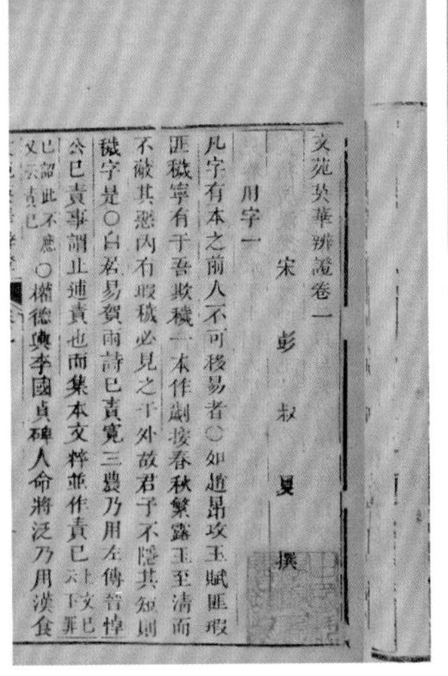

《文苑英华》

《册府元龟》

以上。

我们探究其原因，目前被广泛认可的有两个。首先，朝鲜半岛的实际情况与我国有很大差异。因地域面积相对狭小，朝鲜民众对每种书籍的需求数量有限，但同时也需要各种不同内容的书籍。由于活字印刷比雕版印刷要灵活很多，一般情况下只要求书本所有的个别活字数量足够就可以，若有相关的需求，可以随时印出多种书籍，这比较符合该地域的实际需要。其二，金属活字的大量铸造给活字印刷在朝鲜成为主流提供了技术支持。众所周知，金属活字所需人力、财力较大，但中国历代少有皇帝国君大规模地主持铸字印刷，而民间由于资金和印本种类的缺乏，雕版印刷仍大行其道 。而在朝鲜，大量铸造金属活字可谓是其印刷史上最突出的成绩。由于历代国王对金属活字印刷的情有独钟，金属印刷一直由官方垄断并出资支持，以至一度青出于蓝而胜于蓝，金属活字印刷在朝鲜半岛开出了比技术本土更艳丽的花朵。

在高丽年间，朝鲜半岛开始使用铜活字。铜活字的发明应当在13世纪上半叶或之前，比欧洲使用的金属活字要早200余年。人们在继承高丽印刷术的基础上又进一步发展，使得活字制作更为精湛，印书数量也非常多。朝鲜半岛不仅较早出现了铜活字，而且也较早地尝试了铅活字印刷。黄建国先生曾提到，活字在朝鲜李朝时期最为发达，虽说活字印刷发明于中国，但李朝的活字印刷要比中国的印刷更为精湛、更为精细。

1972年，在联合国教科文组织主持下，在法国巴黎作为“国际图书年”活动一环，举行了称之为“书的历史”的综合展览会。展览会上展出了出版于朝鲜的《直指心经》，经里明文记有“1377年用兴德寺铸造的活字印刷而传”的字样。它以实物证明了朝鲜是金属活字的第一个发明国，并得到了世界的公认。因此，近年在印刷术方面出现了诸多声音，比如究竟是谁先发明了印刷术，又是谁首先开始使用金属活字等众多争论。2007年，我们熟知的热门话题“韩国自称活字印刷术起源国”在互联网上引起了广大网友的“愤怒” 。

中日海上“书籍之路”

波涛汹涌的日本海上，曾有一叶扁舟承载着沉甸甸的中华文明数次东渡。漫漫驼铃古道、茫茫波涛海路，如此不同的路途却起着相似的作用，而文化的传播可以越过黄沙大漠也足以越过宽广的海洋。印刷术继传播到朝鲜半岛之后又远传东瀛，同样伴随着佛音和经卷的东传，造福一方人民。

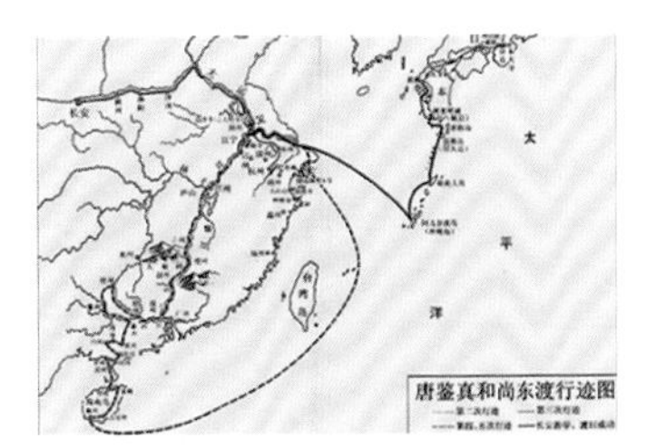

鉴真东渡路线图

“书籍之路”

在大众的认识中，中国与西域的交流主要体现在以“丝绸”为代表的物质文明层面，而中国与日本的交流，则主要体现在以“书籍”为媒介的精神文明层面。提到“书籍之路”，我们很自然地就会想到历史上著名的“鉴真东渡”——鉴真僧团携书东渡，给日本带来了深刻的影响。

在唐朝时期，中日两国交往甚密，很多中国人为两国之间的交流作出了重要贡献，其中以鉴真高僧最为出名。鉴真对日本文化的影响既广泛又深刻，由他开创的律宗列“南都六宗”之一，在日本佛教史上意义重大。他的影响还涉及建筑、美术、工艺、书法、医学等方面，甚至有人把豆腐、香木、砂糖、纳豆、茶道、酱菜的传播也算在鉴真的功劳薄上。

唐代高僧鉴真像

鉴真其人

唐中宗嗣圣五年（688年），鉴真出生在扬州江阳县，俗姓淳于。他的父亲曾向当时扬州大云寺的智满禅师学过禅门，而且受过戒，是个信男。《唐大和上东征传》提到，鉴真14岁时跟着父亲去大云寺看佛像就发了愿心，想出家为僧，得到父亲的同意后便在此当沙弥，跟随智满禅师学佛法，此后又师从道岸禅师、宏景禅师、融济律师、义威禅师、智全禅师。这些高僧的谆谆教诲和鉴真的刻苦好学，使得此时的鉴真对佛学有了很深的造诣。

鉴真回到故乡扬州后，开始从事弘法传道的活动，以“济物利人”使得“道俗归心”且“郁为一方宗首”，一直到743年12月，鉴真应日本学问僧荣睿、普照的请求，发愿到日本传道。鉴真一行人先后六次东渡，历尽千辛万苦，终于在754年到达日本，先入九州太宰府，后又由大阪入奈良东大寺。从此，他将自己的全部学识与智慧奉献给了这个国家。他是律宗南山宗传人，是日本佛教律宗的开山祖师 。在日本10年期间，鉴真受到了日本人民的深切爱戴，被称之为“天平之甍”，意思是他的成就足以代表天平时代文化的屋脊 。

日本天平宝字七年（763年），鉴真圆寂于自己亲手缔造的奈良唐招提寺，但他的事业被弟子们继续发扬光大。鉴真师徒作为一个传播文化的集团，其作用不仅限于授戒传律，更在于促进了日本天台宗的开创；其遗产也不仅仅促进了佛教的发展，更为日本文明的整体发展作出了重大贡献。

鉴真东渡日本

鉴真六次东渡，留下比较完整的携带物品清单的是第二次和第六次。唐天宝二年（743年）四月，鉴真第一次东渡因高丽（新罗）僧如海诬告而失败。同年十二月，鉴真率从僧17名、工匠85人，再次从扬州出海，并携4部金字佛经、100部经论章疏。鉴真赴日的主要目的是传播律宗，据《唐大和上东征传》载，求学者络绎不绝。

鉴真到达日本后，被日本天皇任命为大僧都，成为日本律宗始祖。鉴真携带了不少佛经、佛像、佛具等到日本，而且失明（存疑）的鉴真还凭嗅觉鉴定草药，协助校订佛经的讹误。在日本，鉴真完成了传律弘法的伟大誓愿，同时也使日本佛教走上了严格、正规的戒律之途。

日本奈良唐招提寺

759年，鉴真率弟子仿照扬州大明寺格局设计修建了唐招提寺，该寺至今仍存，被视为日本国宝，对日本的建筑艺术有重要影响。之后，鉴真便在此授戒讲经。鉴真虽双目失明，但能凭记忆校对佛经。他还精通医学，凭嗅觉辨草药，为人治病，留下一卷《鉴上人秘示》医书，对日本医药学的发展作出了突出贡献。他带到日本的中国佛经印刷品和书法碑帖对日本的印刷术、书法艺术产生了很大影响。

刻印佛经对于佛教徒来讲是件功德无量的事情，据相关记载，鉴真主持了三部律典的印刷。在鉴真将印刷技术传入日本后，日本开始大规模地印刷佛经。日本人笃信佛教，需要印刷大量的佛经，因此有了雕版印刷业的兴起。日本的雕版印刷业有一个非常显著的特点，即有大批的中国人东渡日本去做刻工。中国人的东渡带去了印刷的技术，促进了日本印刷业的发展和繁荣。日本出现活字印刷术的时间相对朝鲜半岛要晚，大概在16世纪末期。所以，有些学者也猜测，日本的印刷业也有可能受朝鲜的影响。《中国的活字印刷史》中曾写到，日本曾经侵略朝鲜，并且从朝鲜带走了大量的活字以及印刷的工具。日本的印刷术起步较晚，所以唐、宋、元、明、清对日本的印刷术都有一定的影响。

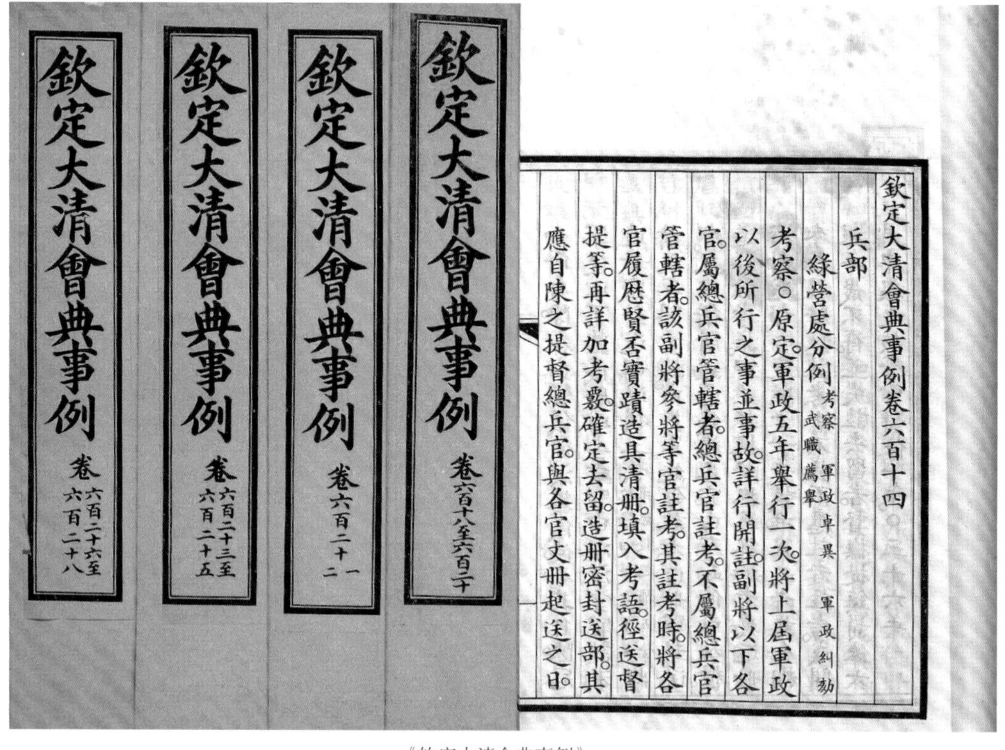

《钦定大清会典事例》

东南亚国家从古至今便与中国文化交流甚密，在谈到印刷术方面的东南亚交流史时，最不可忽略的就是越南、菲律宾、泰国这三个国家了。

近邻越南

越南是中国陆上近邻，与我国在历史、文化上的关系都较密切。

3世纪初，造纸术就已经从中国内地传入越南，而中国出版的佛经和历书等，早在唐代就传入越南了。宋代以后，中国印本书也不断地传入越南，来中国的越南使节都要求买各种书籍及药材。我国曾将雕印的

《大藏经》《道藏经》赠送给越南，越南的早期印刷品也与佛教有关。

1075年，越南开始推行科举制度，民众对书籍读物的需求量日益增加，这样就促进了越南本土印刷术的发展。官刻和私刻在越南渐渐发展起来，越南历史上有记录的最早的印刷品是1251～1268年木版印刷的户口帖子。越南正式印书是1435年雕印了《四书大全》，到1467年又翻刻了《五经》，中国书籍就这样在越南出版了。

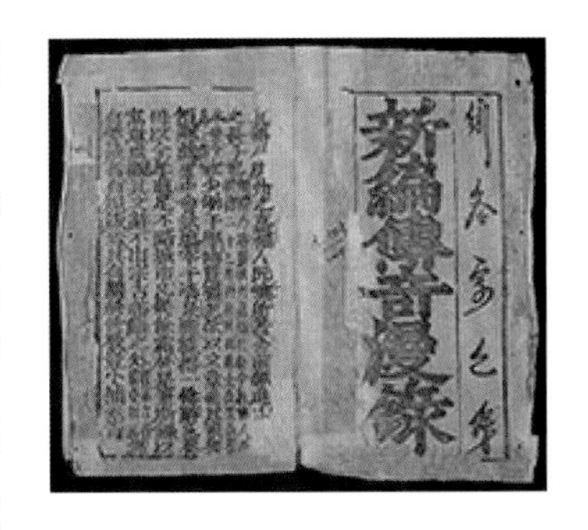

《传奇漫录》书影

《传奇漫录》（越：Truyền Kì Mạn Lục），越南古代传奇小说，为16世纪越南南北朝时的阮屿所撰，以汉语文言文写成。本书体例仿照中国明代瞿佑的《剪灯新话》，全书分成20篇，每5篇为1卷，合为4卷。此书文字典雅，故事情节丰富完整，是具有价值的越南古代文学作品。

18世纪初期，越南也开始用木活字印书。1712年出版的《传奇漫录》据说是越南最早的活字本，1855年他们又用从中国买去的木活字印刷了《钦定大南会典事例》，由此可见，越南的活字印刷也是由中国传去的。

海上菲律宾

从越南最南端出发，经过南海，就可以到达菲律宾了。这个岛国地处西太平洋，气候适宜农作，物产丰富。自古以来，菲律宾吸引了很多广东、福建、台湾的居民去淘金。这里的华侨很多，他们主要经营农业、手工业和商业，其中包括造纸和印刷业。

14世纪左右，我国与菲律宾已航海通商，菲律宾僧侣曾把许多中国书籍带回国，这些书籍的内容包括历史、地理、统计、法律、医学、宗教等方面。与越南不同的是，菲律宾的印刷事业是由华侨传播开创的，其中最有名望的当数龚荣（1538~1603年），他在1593年刻版印刷了菲律宾最早的汉文版《新刻僧师高母羡撰无极天主正教真传实录》，同一年，他又以当地民族的语言再次刻印出版。更给龚荣带来荣誉的是，他成功铸出了铜活字，用它来出版汉文和西班牙文书籍。西班牙传教士在谈到龚荣时说，他是菲律宾

Doctrina Christiana.en
lengua española ytagala.cor
regida por los Religiosos de las
ordenes Impressa con licencia.en
S.gabriel.de la orden de S. Domingo
En Manila. 1593.

《新刻僧师高母羡撰无极天主正教真传实录》

泰国——大皇宫

活字印刷机的第一个制造者和半个发明人，他致力于在菲律宾这块土地上研制印刷机，并且没有借鉴任何印刷术。

从1593年到1608年，菲律宾的印刷事业一直由华人垄断，他们既经营印刷厂又经营书店，形成了颇有实力的出版集团。1610年以后，由华人传授技术，菲律宾才有了自己的刻字工人。

佛教之国——泰国

泰国是东南亚接受中国印刷术传播的另一个国家。泰国在大城时代（1350~1767年），一直与中国保持着友好关系。暹罗国王于1371年派年轻子弟来南京国子监学习，此后两国曾互派留学生学习对方语言。许多来自广东和福建的手艺人也随船去泰国谋生。

1567年以后，越来越多的中国人在泰国经商，他们经营农具、铜铁器制造，制茶，制糖及造纸印刷等行业。由华人经营的坊家出版物是以汉文为主的木刻本，供华侨和懂汉文的泰国读者阅读。暹罗的首都有一条名叫奶街的华侨区，那里有华人经营的纸店和书店。

1767年到1781年间，泰国每天都有来自松江、宁波、厦门和潮州的中国商船，多达50艘，每年随船而来的有数千人。漫长的旅途中如何打发时间呢？他们阅读《三国演义》《水浒传》《西游记》《封神演义》等明代畅销书，他们到了泰国以后，这些书也传到了泰国，被翻译成泰文后也就成了当地的畅销书。

泰国

致 谢

《红楼梦》里有一句大家耳熟能详的诗句，就是:“好风频借力，送我上青云。”借用这句诗，我在想我们这套丛书得以出版（上青云）凭借的“好风”是什么呢?

首先，第一阵“好风”是2008年8月8日晚8时第29届北京奥运会的开幕式给的。在那次特别的开幕式上，我们看到了冲天的焰火、铺张的画卷、跳跃的活字和金灿灿的司南，它们分别代表着闻名于世的中国古代的四大发明，即火药、造纸术、印刷术和指南针。现代高科技的声、光、电技术在世界人民面前强化和渲染了这一不容置疑的铁的事实。中国不仅是一个具有高度文明的历史古国，而且曾经在很长的一段时间里都一直是世界上的科学发明大国。我国古代的四大发明是欧洲封建社会的催命符，是近代资产阶级诞生的助产妇，更是西方现代文明的启明星，我为我们聪明而智慧的祖先感到骄傲和自豪。能为广大青少年读者组织编写这样一套图文并茂、讲叙故事的科普图书是我们责无旁贷的神圣职责，策划与创意的念头油然而生，所以，首先我要十分感谢的是2008年北京奥运会开幕式的总导演张艺谋先生及其出色的团队。

其次，第二阵“好风”是河南大学出版社的领导和编辑们给的。古希腊哲学家阿基米德有句流传甚广的名言：“给我一个支点，我可以撬动整个地球。”那么，我也可以这样说：给我一个出版平台，我要创造一个出版界的神话，组织编写一套经得起时间考验的读者喜欢的科普图书。但自打那创意的念头萌芽以来，谁愿意给你这样一个出版平台呢？如果没有一点超前的慧眼、过人的胆识和冒险的精神，在现在这样一种一没有经费的资助、二没有官商包销的严峻的出版形势下，毅然决然地敢上这套丛书，不是疯了就是傻了。所以，其次我要十分感谢河南大学出版社的领导和编辑们，他们给我们提供了这样一个大气魄的出版平台。

再次，第三阵“好风”是华中科技大学科学技术协会柳会祥常务副主席和鲁亚莉副主席兼秘书长给的。柳主席是一位当过科技副县长的学校中层领导干部，在2012年10月的一个艳阳天里，我拿着与出版社签订的合同兴冲冲地前去他的办公室找他，他一目十行很快就看完了，当时就给中国科学技术协会的一位领导打了电话，马上决定支持我们一下，其干练、果断的工作作风令人难忘；而鲁主席也是当过学校医院院长的学校中层领导干部，在后来与其接触的过程中，她的机智、泼辣和周密的工作作风，使人不禁联想起了先前活跃在电视荧幕上的政治明星——前国务院副总理程慕华和吴仪。此后，我们又多次得到这两位领导的大力支持和帮助，感激之情实在是难于一一言表。所以，再次我要十分感谢华中科技大学科协的柳主席和鲁主席。

再其次，第四阵“好风”应当是我们这批朝气蓬勃的90后作者们给的。2013年有一部很火的电影《中国合伙人》，它之所以很火，是因为其中的故事既大量借鉴了新东方的三位创始人的经历，也浓缩了中国许多成功创业家像马云、王石等人的传奇事迹。提及这部电影，主要是想起我和我们学校人文学院这批90后的作者们，跟他们的确是有一种亦生亦友的合作关系，年轻人的热情、拼命的性格，使我想起了自己年轻时候的拼劲和干劲。“世界是你们的，也是我们的，但是归根结底是你们的。”（《毛主席语录》）希望他们能够“百尺竿头须进步，十方世界是全身”，今后能写出更多更好的作品来，因为他们的人生之路还很长。所以，再其次我要十分感谢我们学校这批90后的作者们，他们，除了署名副主编的以外，参与本书编写的还有朱晓燕、王俊、周燕、周梅、王重娇、李虹烨、谢芸、彭瑞、彭静、梁沙沙、汤云、王继蓉、张雯丽等同学。

最后，第五阵“好风”是曾任我们学校校长的中国科学院院士杨叔子给的。杨院士是著名的机械工程专家、教育家，在担任校长期间，他就倡导应在全国理工科院校中加强大学生文化素质教育，并在国内外引起了强烈反响。他已达耄耋之年，但每天都在忙碌着。一年365天，他几乎每天都在工作，每晚直到深夜都不愿休息，常常要夫人敦促才去就寝。他们夫妇没有周末，没有节假日，从不逛街。所以，我们既想请他为本套丛书写序，又怕影响了他的工作和休息。那天，我怀着忐忑的心情，在柳主席的引领下到机械学院大楼杨院士的办公室去拜见他，进门后映入我眼前的是一个熟悉而又亲切的老者，厚厚的镜片后有一双睿智的眼睛。当他听说我们的来意后，便以略带着江西特色且略快的口音当即答应了下来。后来在书写我的笔名“东方暨白”中的“暨”时，对于是“暨”还是“既”字，他反复核对苏东坡的原文，一丝不苟，耳提面命，不禁令我这个文科出身的学生冷汗频出。所以，最后我要十分感谢杨院士这位德高望重的一字之师。

以上是按照事情发生的时间顺序写的，由于不想落入俗套地把它称为“后记”，故称之为“致谢”。最后，敬请阅读者不吝赐教。

东方暨白

2015年6月